花卉实用生产技术系列

Aromatic plant cultivation

芳香植物

新优品种高效栽培技术

张艺萍　王丽花　李绅崇◎主编

U0246368

中国农业出版社
北　京

|编委会|

前　言
Preface

　　芳香植物是具有芳香气味和能提取芳香油的栽培植物及野生植物的总称，是兼有药用植物和香料植物共有属性的植物类群，包括全部天然香料植物、部分园艺植物（含芳香蔬菜、果树、观赏植物）、部分药用植物和一些尚未开发利用的野生植物。芳香植物的芳香是植物次生代谢所产生的挥发性有机物，包括萜类化合物、芳香族化合物、含氮与含硫化合物以及脂肪族化合物，这些成分可以刺激人体呼吸中枢或皮肤毛孔，起到促进血液循环、杀菌、调节身心、增强机体活力、防病等作用。芳香植物具有多种分类方式，根据香味浓淡可分为浓香型、清香型和淡香型芳香植物；根据香味部位可分为香花、香叶、香果以及香根植物；根据园林用途可分为行道树芳香植物、花坛花境芳香植物、地被芳香植物、庭院芳香植物、水体芳香植物以及绿篱芳香植物。

　　我国的芳香植物有 1 000 余种，分属 70 余科 200 多属，主要集中在蔷薇科、唇形科、菊科、茜草科、芸香科、樟科等植物类群。每一种类又有各种不同的原生种、栽培种或品种。常见的有玫瑰、香叶天竺葵、薄荷、罗勒、薰衣草、鸢尾、白及、鼠尾草、迷迭香、洋甘菊等 10 余种。

芳香植物的提取物可广泛应用于日化、食品和医药领域，由于其品种丰富、抗性强、易于加工、产业链长，成为我国生态环境建设和农业产业结构调整的优选材料，进一步结合三产融合，实现"一县一品"，有助于巩固拓展扶贫成果，助力全面推进乡村振兴。

目前针对芳香植物的生产技术还未见有系统介绍的书籍，因此本书编委会将常见的 10 种芳香植物的新优品种及高效栽培技术收集整理成书。本书先对芳香植物进行了概述，之后再分章对 10 种芳香植物的新优品种及高效栽培技术进行编写。本书第一章由张艺萍和屈云慧编写，第二章由王丽花和李树发编写，第三章由李绅崇和李慧敏编写，第四章由张丽芳和张艺萍编写，第五章由杨秀梅和张艺萍编写，第六章由张艺萍和陆琳编写，第七章由许凤和赵阿香编写，第八章由许凤和张颖编写，第九章由苏艳编写，第十章由王丽花和瞿素萍编写，第十一章由张艺萍和蒋亚莲编写。

在编写过程中，尽管编者已尽最大努力说明问题，但限于学术水平和写作水平，不足之处在所难免，敬请读者批评指正，以便今后修正、完善和提高。

编　者

2022 年 12 月

目 录
Contents

Chapter 1 第一章

概 述

芳香植物是具有香气、可供提取芳香油的栽培植物及野生植物的总称，是兼有药用植物和香料植物共有属性的植物类群。一般指植物体的全部或部分器官可释放香气物质的一类植物，同时某些器官中含有芳香油（挥发油、精油），因此也叫香料植物。

第一节 芳香植物种质资源

据不完全统计，世界上芳香植物有3 600多种，被有效开发利用的有400多种，分属于唇形科、菊科、伞形科、十字花科、芸香科、姜科、豆科、鸢尾科、蔷薇科等。我国幅员辽阔，植物物种极其丰富，芳香植物的种类更是位居世界第一，目前已经发现的芳香植物达1 000多种，分属于70余科200多属（彭靖里等，2002）。

1. 乔灌木类

具有芳香气味的乔灌木主要有柏科的侧柏、香柏；海桐花科的海桐；玄参科的毛泡桐；樟科的香樟、阴香、月桂；金缕梅科的蜡瓣花、金缕梅；芸香科的花椒、黄檗、九里香；木兰科的白兰、黄兰、含笑花、玉兰、广玉兰、望春玉兰、山木兰（优昙花）、馨香木兰（馨香玉兰）、天女花、夜香木兰（夜合花）；蔷薇科的梅、香水月季、大马士革玫瑰、稠李、野蔷薇、木瓜；省沽油科的瘿椒树；瑞香科的瑞香、结香；木樨科的紫丁香、北京丁香、暴马丁香、花叶丁香、桂花、素馨花、茉莉花、女贞；忍冬科的糯米条、香荚蒾、珊瑚树、接骨木；楝科的楝树、米兰；蜡梅科的蜡梅；山茶科的木荷、油茶、厚皮香；豆科的金合欢、相思子；茜草科的栀子；番荔枝科的鹰爪花；萝藦科的夜来香；马鞭草科的兰香草；五加科的鹅掌柴；杜鹃花科的毛白杜鹃、云锦杜鹃等。

侧　柏

玉　兰

蜡　梅

桂　花

2. 藤本类

蔷薇科的木香花、金樱子、香莓、光叶蔷薇、多花蔷薇;忍冬科的忍冬(金银花);豆科的紫藤、藤金合欢等是具有芳香气味的藤本类植物。

红花金银花　　　　　　　　　　黄花金银花

3. 草本类

具有芳香气味的草本类植物主要有石蒜科的纸白水仙、长寿水仙;姜科的姜花;唇形科的薄荷、留兰香、罗勒、藿香、紫苏、香薷、迷迭香、鼠尾草、百里香、薰衣草;马鞭草科的荆条;百合科的百合、铃兰、萱草、玉簪;柳叶菜科的月见草;菊科的香蓍草、地被菊、龙蒿;十字花科的香雪球、紫罗兰;豆科的羽扇豆;天南星科的菖蒲;败酱科的缬草;石竹科的香石竹(麝香石竹);牻牛儿苗科的香叶天竺葵、豆蔻天竺葵和兰科的兰花等。

姜　花　　　　　　　　　　　　薄　荷

3

罗 勒

迷迭香

薰衣草

岷江百合

淡黄花百合

第二节　芳香植物的分布

　　由于我国地域广阔，南北植物的差异很大，所以在不同地区分布有不同的芳香植物，南方的植物远比北方丰富，因此芳香植物的来源也较北方多，如白兰花、桂花、胡椒、豆蔻、八角、香草、依兰、珠兰等著名的芳香植物多数都在南方种植，而花椒、薄荷、紫苏等则多数在北方种植，玫瑰目前在全国各地均有种植。现在大家对很多芳香植物已经熟悉且常用，可能已经不清楚它的原产地。北方人用产于南方的八角、桂皮做调料，用桂花做糕点，南方人也用北方产的香艾熏蚊子，用薄荷沏茶，这样的交流从千年前开始，如今已经很普遍。

1. 东北地区

　　东北是由海洋温湿带到内陆干燥带过渡气候，特点是潮湿寒冷，是中国最寒冷的地区，可能是气候的原因，这里的芳香植物资源并不丰富，但辽东半岛是中国玫瑰的发源地。藿香在东北地区广为应用，东北菜得莫利炖鱼的鲜味就是由它烘托。春天，当长白山百花盛开时，微风吹来，空气中散发出浓郁的芳香，这里独具特色的细叶杜香含有的芳香油可达 2%，还有遍山的天女木兰、杜鹃、紫穗槐及在针叶树木庇护下的铃兰等。

2. 华北地区

　　广阔的华北平原为黄河滋润的土地，气候夏热多雨，冬寒晴燥，春多风沙，秋季短促。北京妙峰山和山东平阴的玫瑰有着几百年的栽培利用历史，玫瑰酱、玫瑰酒、玫瑰茶、玫瑰饼等各色食品享誉全国。平阴县玫瑰镇被农业农村部正式命名为"中国玫瑰之乡"。胶东半岛和内蒙古草原的百里香蕴藏丰富，当地百姓点燃它驱赶蚊虫，故又有"驱蚊草"之名。利用超临界萃取等高新技术可提取牡丹花中黄酮化合物。菏泽的牡丹在大田种植、品种的选育和产业化、市场化上均有很大的突破。目前,菏泽牡丹销售量占国内销售总量的80%,占全国出口总量的85%,全区牡丹栽培面积已达65万亩①,品种1 116个,是国家唯一认定的"牡丹基因库"。华北地区葱、姜、蒜作为香辛料的使用也最为普遍。茉莉虽不是本地植物,但茉莉花茶却是北京人的最爱;产于南方的桂花也被北京人制成糕点和酒,还成了北京的特产。花椒、大料(八角、茴香)的主产地是西南地区,也被很好地运用到华北平原的菜肴之中。

3. 华东和华中地区

华东和华中地区主要分布的芳香植物是香榧。全国约有一半的香榧产自浙江诸暨,香榧果从花芽形成到果实成熟,需经历3年之久,故享有"千年香榧三代果"之美称。桂花原产于我国西南部及中部,长江以南广泛种植,以苏州、杭州、成都等地栽培最多,湖北咸宁、广西桂林更是盛产。湖北省咸宁市在栽种面积、品种数量、古桂树量、桂花产量、桂花质量上均位居全国第一,所以被称为"中国桂花之乡"。湖南是中国山苍子的最大产区,江西是第二大产区,山苍子是中国传统大宗精油产品,年产量达2 000 t以上。薄荷的种植与加工也集中在此区,巅峰时期的种植面积达80万亩,产油7 000 t。

4. 华南地区

华南地区主要的芳香植物是茉莉,茉莉在西汉年间从印度传到中国。福建的福州把它作为市花,福州茉莉花窨制的茶,产量及出口量居全国之冠,并申请了地理标志证明商标——"福州茉莉花茶",而同样有着上百年茉莉栽种使用历史的江苏苏州和浙江金华的地位也不

---

① 亩为非法定计量单位,1亩=1/15公顷,下同。——编者注

可低估，但就茉莉花的产量来讲，拥有世界最大的茉莉花生产基地且目前种植面积和产量均占全国总量 80% 以上的广西南宁横县是当之无愧的"世界级的茉莉花之乡"。此区夏季长达 5 个月之久，充沛的雨量使生长的芳香植物也颇具特色。历史上华南地区的华侨很多，他们带回了一些国外的用香习惯。海南属于中国的热带地区，得天独厚的气候条件使这个省的芳香植物令任何地区都不敢小视，香荚兰、胡椒、芦荟、广藿香、檀香这些芳香植物的生产量虽不是很大，但在芳香植物中占很重要的地位。提起广西的香料植物，最广为人知的就是大料（八角、茴香）和肉桂了，广西是世界上八角、肉桂的主要产地。八角主产于我国广西、广东，云南、福建、海南等省也有分布；广西的产量占全国总产量的 80% 以上。八角、茴香是菜肴中的调料，从中提取的莽草酸是磷酸奥司他韦的主要原料。肉桂在我国的分布地区与八角类似，广西的产量占全国的一半以上，以分布在珠江的西江流域的西江桂质量最优。

5. 西南地区

西南地区因其复杂的地形和多变的气候，也分布了众多的芳香植物。鱼腥草（蕺菜）以它特有的芳香迷倒了不少饕餮客。以草果、豆蔻、辣椒等十几种香料植物调配作料的花江狗肉，又令多少人垂涎，吃狗肉的蘸料少不了当地的一种香料——留兰香。用香茅草烧鱼可去腥增香，因为其具有强烈的柠檬香气。山苍子可直接食用，或用山苍子精油调味。我国的柏木资源主要分布在西南地区，以贵州的柏木油产量最大。云南和四川常用香叶天竺葵代替玫瑰，它的香气与玫瑰类似，但价格比玫瑰精油便宜很多，国内用香叶天竺葵精油作玫瑰精油的替代品，其主要成分有玫瑰醇、香叶醇、香茅醇等，是玫瑰型香精的主要调香剂。香叶天竺葵出油率高，每亩产粗油 5.9 kg。云南省在 20 世纪 60 年代就引种栽培香叶天竺葵，现主栽于云南和四川。香叶天竺葵精油在我国以出口为主，云南年产粗油 300 t，产量名列世界前茅。

6. 西北地区

西北的芳香植物资源并不是很多，玫瑰是这个地区最有代表性的植物。甘肃的苦水玫瑰是中国玫瑰的主要品种之一，它是从陕西引种过来，新疆种植的大马士革玫瑰是传统油用玫瑰之一。芳香植物中最广为人知的要数薰衣草，20 世纪 60 年代先后在河南、陕西、四川、江苏等地试种，最终都没有成功，唯独在新疆找到了一片适合它生长的绿洲——伊犁河谷，这里夏天气候炎热干燥，与地中海气候类似，冬季虽然不是地中海气候的温和多雨，但西北暖湿气流在天山山脉的影响下形成大雪覆盖的条件，薰衣草就这样安全度过严寒，给美丽的伊犁添上一抹绚丽紫色。

7. 港澳台地区

港澳台地区因其亚热带、热带气候特征，分布有胡椒、木通（海风藤）、珠兰、杨梅、广玉兰、白兰花、黄兰、香叶天竺葵、甜橙、佛手、九里香、土沉香（沉香）、瑞香、大花野茉莉（大花茉莉）、茉莉花、桂花、香薷、丁香罗勒、紫苏、广藿香、栀子、缬草、柠檬草、扭鞘香茅、枫茅（爪哇香茅）、香根草、草果等芳香植物资源，该地区的芳香疗法、精油美容在我国是最早兴起的，花草茶在台湾有取代传统茶叶的趋势（白红彤等，2006）。

第三节　芳香植物的功能

一、美化及香化

许多植物的香味都被赋予了深厚的文化底蕴，如梅花"遥知不是雪，为有暗香来""天与清香似有私"，又如栀子花"薰风微处留香雪"，再如茉莉"燕寝香中暑气清，更烦云鬟插琼英""一卉能熏一室香，炎天犹觉玉肌凉"。苏州留园的"闻木樨香轩"，网师园的"小山丛桂轩"，拙政园的"远香堂""荷风四面亭""玉兰堂"，承德避暑山庄的"冷香亭""观莲所"等，也纷纷借用桂花、荷花、玉兰等的香味来抒发某种意境和情绪。我国许多名园的绝佳景致都是利用芳香植物来创造的。如杭州西湖的"曲院风荷"，突出了"碧、红、香、凉"的意境美，即荷叶的碧、荷花的红、熏风的香、环境的凉，呈现出"接天莲叶无穷碧，映日荷花别样红"的景观。

从形态美到意境美是园林艺术的升华。芳香植物创造了清香幽幽的园林，反映了自然的真实，让人感到自然是可以捉摸的、亲切和悦的，体现了哲学中人与天地相和谐的观点，同时也达到了"景有尽而意无穷"的园林意境美的至高境界。

二、保健功能

现代科学研究发现，芳香植物的保健作用主要有以下两方面。

(一) 预防和治疗疾病

花香对预防和治疗疾病大有裨益。桂花的香气有解郁、清肺、辟秽之功能；菊花的香气能治头痛、头晕、感冒、眼翳；丁香花的香气对牙痛有镇痛作用；茉莉花的芳香对头晕、目眩、鼻塞等症状有明显的缓解作用；香叶天竺葵的香气具有平喘、顺气、镇静的功效；郁金香的香气能疏肝利胆；槐花香可以泻热凉血；薰衣草香味具有抗菌消炎的作用；台湾扁柏的芳香气味有降低血压的功效；紫茉莉分泌的气体 5 s 即可杀死白喉棒状杆菌、结核杆菌、志贺菌属（痢疾杆菌）等。明代医药家李时珍在《本草纲目》中也列举多种清热、杀菌、镇痛的芳香植物（刘志强，2005）。

(二) 改善心境和情绪

芳香生理心理学研究发现，天竺葵花香有镇定神经、消除疲劳、促进睡眠的作用；茉莉花香能使人消除疲劳；兰花的幽香能解除人的烦闷和忧郁，使人心情爽朗；紫罗兰和玫瑰花香给人以爽朗、愉快的感觉；迷迭香、薄荷的香气对人的想象力有良好的促进作用；菊花香气中的菊油环酮、龙脑等挥发性芳香物可使儿童思维清晰、反应灵敏，有利于智力发育；水仙花香味中的酯类成分可提高神经细胞的兴奋性，使情绪得到改善、消除疲劳；薰衣草、檀香、侧柏、莳萝等植物的挥发性物质有镇静作用；松、柏、樟树等的一些挥发物具有提神、醒脑、舒筋、活血的功能。

三、净化空气

有些芳香植物能减少有毒有害气体、吸附灰尘，使空气得到净化。如米兰能吸收空气中的 SO_2（二氧化硫）；桂花、蜡梅能吸收汞蒸气；松柏类树种有利于改善空气中的负离子含量；丁香、紫茉莉、含笑、米兰等不仅对 SO_2、HF（氟化氢）和 Cl_2（氯气）中的一种或几种有毒气体具有吸收能力，还能吸收光化学烟雾、防尘降噪。因此，在树种规划时选用一些芳香植物，并结合水景配置，可使空气质量得到极大改善。

四、驱除蚊虫

薄荷、留兰香、罗勒、茴香、薰衣草、灵香草、迷迭香等芳香植物的香气能驱除蚊蝇等昆虫。

第四节　芳香植物的栽培应用及加工形式

一、芳香植物的栽培应用形式

1. 作为食用天然香料植物栽培

直接作食用香料及茶饮。

2. 作为调配天然香精的原材料植物栽培

芳香植物经加工可提取精油、净油、浸膏等产品，提取的芳香化学物质用来调配天然香精，可在食品、日用品及化妆品和烟草生产中作调香剂使用，如从白兰花、晚香玉中提取的浸膏是调配高级化妆品和日用品的香精原料。

3. 作为医疗辅助性治疗保健品的原材料植物栽培

芳香植物中提取的许多精油具有保健、抗衰老等特殊作用，如薰衣草精油有镇静、消毒和改善失眠的功效，香叶天竺葵中提取的香茅醛和香茅醇有抗忧郁、软化皮肤、止血和收敛的作用。

4. 作为精细化工生产、医药生产中天然添加物或替代物的原材料栽培

在我国现有的工业用香料花卉中，有一类是专门从植物中提取杀菌素或其他有益化学物质，用于日常生活用品、食品、医用品生产。如从栽培的紫苏提取的柠檬醛，可在肥皂和食品中作天然杀菌、防腐原料；罗勒精油在牙膏、肥皂中作添加物，增强产品的杀菌功能。

二、芳香植物主要的产品加工形式

1. 直接加工成食用香料或茶饮

茉莉、玫瑰、米兰、鸡蛋花、玉兰花等可直接加工成茉莉花茶、玫瑰花茶、米兰花茶、鸡蛋花茶、玉兰花茶、茉莉花饮品等。

2. 提取浸膏

作为日用品、化妆品、食品工业生产中的调香剂使用。有 20 多种常见花卉用于提取浸膏。分别是金粟兰（珠兰）、香堇菜、墨红玫瑰、玫瑰、蜡梅、金合欢、素馨花、茉莉花、南欧丹参、桂花、鸡蛋花、神农香菊、铃兰、水仙、鸢尾、香根鸢尾、香雪兰（小苍兰）、晚香玉、白兰、黄兰、瑞香、鹰爪花。

3. 提取工业用油

可直接生产精油、净油，作为调配天然香精的原料，在日用化妆

品、食品、烟草工业中使用。常见的用于提取工业用油的花卉有近 40
种，分别是珠兰、香堇菜、香叶天竺葵、海桐、咖啡黄葵（黄秋葵）、
墨红玫瑰、玫瑰、酸橙、柠檬、香橼、九里香、芸香、米兰、素馨花、
茉莉花、桂花、栀子、薰衣草、荆芥、留兰香、柠檬留兰香、薄荷、罗
勒、丁香罗勒、紫苏、南欧丹参、广藿香、百里香、水仙、姜、玉兰、
紫玉兰、白兰、含笑花、兰香草、香荚兰、依兰、南美天芥菜（香水
草）。精油提取设备见下图。

精油提取罐

精油提取设备

小型精油蒸馏设备

大型精油蒸馏设备

三、芳香植物的园林应用

　　植物是园林景观的基本要素，构成了极富变化的园林动景，为园林增添了无穷生机，而香味是"植物之灵魂"，在园林植物的观赏性状中最具特色。中国古典园林注重意境美的创造，主张运用植物时"重于香而轻于色"，以芳香植物来提升园林景观的文化底蕴，把独特的韵味和意境带给园林。目前，芳香植物主要应用于营造芳香植物专类园、植物保健绿地、夜花园、盲人园、低碳自然园、情趣花卉园等。

弥勒太平湖百合园

第五节 芳香植物生产现状

芳香花卉产业是以芳香花卉种植、加工为主的高产出、高效率新型绿色生态产业，其具备带动相关领域发展，实现一二三产业融合发展的能力。

一、国际芳香植物产业现状及趋势

在国外，尤其是欧美国家，芳香花卉产业发展已经较为成熟。主要表现在以下几方面。

（1）芳香花卉产业已经形成完善的管理体制及行业规范，有利于珍稀资源的合理分配及利用。

（2）通过多年的科学技术研究及利用，整体技术水平较高，资源产出率及质量均能保持在一个较高的水平，确保了该产业的附加值高。

（3）芳香花卉产业链整合程度较高，针对供应链下游产业（如旅游、餐饮、文化等）的多元化整合也稳步推进，使芳香花卉产业产品运用渠道日益多元化，不断挖掘芳香花卉产业发展潜力，促进芳香花卉原料产业化的边际价值提升。

（4）目前投入产业化运作的芳香花卉原料范围不断扩大，除原本运用已经较为成熟的品种外，更多的新兴原料也开始通过种苗优选、培育被规模化运用于芳香花卉产业，使芳香花卉产业的原料选择范围更加广泛。

二、国内芳香植物产业现状及趋势

国内芳香花卉产业起步晚但发展较为迅速，目前已形成芳香花卉种植、精油产品开发、保健理疗消费、休闲体验等多方面的产业格局。

（1）需求量增加。随着经济发展，中国民众的消费能力不断提升，文化娱乐消费水平开始快速增长。现代人生活节奏快、压力大，人们期望通过休闲活动和自然疗法来保持活力已成为普遍的需求。

（2）产业链延伸。芳香花卉产业从种植、加工等主要环节向产业链上下游扩展延伸，提高行业利润。

（3）多元素融入。芳香花卉产业是一门综合性课题，涉及农业、日用化工、教育、旅游观光等多个行业，未来要注重种植、加工、休闲、体验、文化等多元素的融合、互补，增加产业附加值。

（4）科技比重大。增加科研投入比重、加强自主研发能力，实现科技兴花。

（5）产业规模持续提升。国内芳香花卉产业整体发展态势良好，中国芳香产业目前产值为700多亿元，消费额每年增长20%～30%，香薰精油市场增长潜力巨大。从芳香植物种植到观光旅游、特色餐饮，再到萃取加工提炼成精油用于医疗、美容、保健、心理治疗等，由此带动一个产业链，形成庞大的就业市场、培训市场，甚至产生一些新兴的行业。

Chapter 2 第二章

玫瑰新优品种高效栽培技术

第一节 概　　述

一、生物学特性和生长习性

玫瑰（*Rosa rugosa* Thunb.）是蔷薇科（Rosaceae）蔷薇属（*Rosa* L.）落叶灌木植物，原产于中国北部，在朝鲜、日本、俄罗斯也有广泛分布，品种繁多，花色丰富，是一种很古老的植物。

野生玫瑰资源原产于中国吉林图们江河口、辽宁南部海岸、山东东部沿海地区以及俄罗斯的沿海地区，另外朝鲜半岛的沿海沙地，在欧洲及北美洲海岸有栽培植株逃逸为野生资源的记录。野生玫瑰为喜光树种，成林集中分布于光照良好的旷地、林缘，对水分要求不高，喜凉爽温和气候，抗寒、抗旱能力强，有报道称在 −32.5 ℃ 条件下，也未见有大量冻害发生。在肥沃而排水良好的中性或微酸性土壤生长最好，在微碱性土壤也能生长，发枝率强，盛花期在 4—5 月，之后零星开花至 9 月。人工栽培玫瑰萌蘖力强，喜光、耐寒、耐旱、忌涝，适应性较强，但在荫蔽和通风不良的地方生长欠佳，开花稀少，徒长，生长不良。

1. 玫瑰根系

玫瑰根系比较发达，没有明显的主根，以水平根为主，纵横交错，须根较多，垂直根系较少，一般生长 15～20 年的水平根粗度可达 3.5～4.0 cm，而垂直根粗度仅有 1.5～2.0 cm，根皮呈棕色，老根为棕色、黑色，其韧皮部呈淡红色。主要根系分布在 20～50 cm 的土层中。根系的生长和入土深度易受地形、土壤及地下水的影响。在土壤黏重、透气性差的土壤中，水平根延伸较慢，根的数量也少。相反，在肥沃的沙质土壤中，水平根系延伸快，须根数量也多。栽植在陡坡或堰边的植株，水平根生长少。一般 4～5 年生玫瑰，水平根向外延伸可达 2 m 左右，远远超过其株丛的投影，垂直根在土层深厚的条件下也可达到 2 m 以上，垂直根虽然在根系中占比很少，但在适应不同生态环境及整个生命周期中起着至关重要的作用。

2. 玫瑰枝条

玫瑰枝条直立丛生，发枝能力较强。株高因土壤条件以及生长年限的长短而不同，一般从几十厘米至 150 cm。在土壤肥沃、水分充足的条件下，株高可达 2 m 以上。枝条颜色随着生长年限而变化。1～2 年生植株枝条呈暗红色，也有呈淡黄色，6 年以上植株枝条变为灰白色。枝条上的刺随株龄增长而逐年脱落。刺的大小、数量与品种有关，且排列次序也有规律。根据刺的大小、形状、疏密、排列次序可识别玫瑰品种或生态类型。

玫瑰分枝高度一般在当年生植株高度 2/3 处，在堰坡或土层很薄的地方，分枝高度只有 20～30 cm；土壤条件越好，分枝高度就越高；在比较封闭的株丛内，萌发的新条需高出株丛才可分枝。一般 4～6 个分枝，长度可达 40～60 cm，向四周分散伸展，自然弯曲成半弧形，分枝角度为 45°～95°。

枝条的生命周期较根系短得多，一般 6～10 年。管理条件较好，10 年以上的枝条可以正常开花。

3. 玫瑰叶片

玫瑰为奇数羽状复叶，互生，小叶对生，每一复叶有小叶5～9 片，大多数为 7 片。叶片呈椭圆形或长椭圆形。叶表有褶皱、深绿色，背面灰绿稍带白粉和柔毛，叶脉呈明显网状，叶缘有均匀的锯齿缺刻，叶基呈明显网状，叶柄和叶脉都具小刺。托叶肥大并附于叶柄基部，叶缘有锯齿，托叶基部的刺多数大而对生。

玫瑰叶片的寿命只有一个生长季，遇到不良的环境条件，如栽植过密、病虫害蔓延、旱涝灾害等都会造成叶片寿命缩短，促使早期落叶，对植株安全越冬和翌年的开花数量影响很大。因此，在整个生产管理中，一定要注意保护叶片，延长叶片寿命，保证玫瑰植株正常生长发育。

4. 玫瑰花朵

玫瑰花有重瓣和半重瓣两种类型，花瓣 3～6 层，也有单层，每朵大瓣 20～25 枚，小瓣 25～48 枚。单花重 2.0～2.5 g，最重可达 4 g。近几年培育的新品种已达 6～8 g。单瓣型玫瑰雌、雄蕊发育健全，具有结实能力，果扁圆形，9—10 月成熟，呈橘红色；重瓣型玫瑰雌、雄蕊退化，一般无结实能力。

花芽分化是玫瑰年生育周期中重要的生命运动，一切技术管理措施都应为花芽分化创造条件。玫瑰花芽的分化受玫瑰植株株龄、营养状况以及外界的温度、光照、水分、土壤养分等诸多因素影响。玫瑰花属于早熟植物，花芽当年形成顶生混合芽。一般完成一个芽的分化约需要 2 个月。单株分化持续的时间更长，约需 3 个月。

玫瑰花芽分化可分为生理分化期和形态分化期。生理分化在形态分化期前 1～2 周开始，由于气温年际间的差异，其生理分化时间也有早有晚，一般月平均气温稳定在 2 ℃时开始。根据观察，正常年份玫瑰花芽生理分化在 2 月中上旬。形态分化期可分为分化初期（生长点产生小突起）、花萼形成期、花瓣形成期、雄蕊和雌蕊形成期，这一过程要求月平均气温稳定在 6～8 ℃，如遇到过于干旱、气温变化大等不良自然条件，会使已形成的花芽退化或发育不完全。若春季移栽，也会出现此现象。

从玫瑰花整个生育期来看，玫瑰花芽分化主要取决于植株营养物质的积累状况。在光照充足、通风条件好的缓坡处，花芽分化时间早。在背阴坡、光照条件较差或株丛过密处，花芽分化就晚，一般相差2～5 d。若管理不善、病虫害蔓延等因素引起早期落叶，减少植株体内营养物质的积累，会影响第2年的花芽分化。玫瑰花芽生理分化和形态分化过程不可逆，如果营养物质供应不足，对花芽的分化、产量和质量都有很大影响。

玫瑰一般开花期要求气候凉爽，昼夜温差较大，日平均气温在20 ℃左右，此时花期长，开花质量也好。若花期气温低于10 ℃，则停止开花；正常情况下，开花量随气温升高而增多。开花量与玫瑰株龄也有很大关系，一般当年生枝条很少开花，2、3年生枝条开花逐渐增多，4～5年生枝条开花量达到高峰，以后花量开始下降。

二、应用前景

玫瑰是绿化、美化、香化环境的理想树种，可观赏用、药用、食用和加工用，宜作花坛、花篱及护坡栽培。玫瑰花期长，艳丽芳香，可单株修剪塑形点缀于广场草地中或栽于道路两旁、堤岸花池中作观赏用。花瓣是生产玫瑰精油的原料，玫瑰精油在我国古代和欧洲应用历史悠久，是一种很名贵的香料，其价值昂贵，售价约4 000美元/kg，广泛用于调配生产多种高端化妆品、花香型香精、香皂、食品、酒和茶等。玫瑰花入药有理气、解毒和止血的功效。玫瑰鲜花可直接用于酿制玫瑰酱、酿酒或用于糕点及其他食品等，近年来也有从蒸馏玫瑰油后的花残渣中提取玫瑰红色素用于食品着色。因此，玫瑰是一种具有很高经济价值的植物，经济效益和社会效益较高。

第二节　主要类型与新优品种

据中国分类学记载，玫瑰原产于中国，带有浓郁玫瑰花香，一年1

次或多次开花（绝大多数玫瑰品种一年仅开花 1 次，平阴玫瑰的丰花系列、云南墨红玫瑰、金边玫瑰等少数几个品种可一年多次开花），大多密生枝刺，一芽多花，因果实又大又红艳，因而以"玫瑰"作为称呼。玫瑰在日本被称为浜茄子，在朝鲜被称为海棠花。

一、主要类型

我国玫瑰及其变种共 7 个，包括玫瑰（*Rosa rugosa*）、白花单瓣玫瑰（*R. rugosa* f. *alba*）、白花重瓣玫瑰（*R. rugosa* f. *albo-plena*）、粉红单瓣玫瑰（*R. rugosa* f. *rosea*）、紫花重瓣玫瑰（*R. rugosa* f. *plena*）、紫玫瑰（*R. rugosa* var. *typica*）以及杂种玫瑰（丰花月季）（*Rosa hybrida*）。杂种玫瑰依树型分为中型花（又称丰花）玫瑰、大轮花（又称茶香）玫瑰、迷你玫瑰、蔓性玫瑰、地被（半蔓性）玫瑰、现代灌木玫瑰、英国玫瑰；依花型分为平开型、开杯型、深杯型、丛生、四分丛生、单瓣、半重瓣、剑瓣、半剑瓣、单瓣环抱玫瑰；依系统分为各地原生种玫瑰、古典玫瑰（1867 年以前发表的品种）、现代玫瑰。

重瓣白玫瑰

丰花玫瑰

二、新优品种

我国当前的玫瑰主栽品种有平阴玫瑰（包括丰花玫瑰、紫枝玫瑰）、苦水玫瑰、滇红玫瑰、墨红玫瑰、金边玫瑰、大马士革玫瑰、千叶玫瑰、繁花玫瑰、北京白玫瑰等 10 余个品种，已形成规模化栽培的品种仅有 7 个，分述如下。

1. 墨红玫瑰（*Rosa chinensis* Jacq 'Crimson Glory' H. T.）

【别名】朱墨双辉、香紫、深红光荣。

【特性】直立宽灌木，较矮，冬季落叶或半常绿，高 40～140 cm。花瓣基部黄绿色，花蕊淡黄色，花丝红色，花径 8～12 cm；花瓣圆形，边缘有刻缺、波形强，正面具丝绒质感，30～35 枚；花色艳，一株多花；花顶生，单枝花苞数 1～18 个，2～7 个分枝；花朵重瓣，深红色。叶互生，浓绿，卵圆形，叶片表面光泽度中等，小叶 7 枚或 9 枚；平直刺，数量多。

【花期】3 月下旬至 12 月上旬多次开花。

【香味】浓香味，主要成分是 1，3，5-三甲氧基苯及香叶醇。

【习性】植株生长势强，抗病性中等，鲜花产量高。

【应用】花瓣可食用、制茶、制酱、酿酒等。

墨红玫瑰

2. 滇红玫瑰（*Rosa gallica* 'Dianhong'）

【别名】八街玫瑰。

【特性】半直立窄灌木，基部多丛生枝。株高 100～250 cm，枝密生大小不等皮刺，主枝绿褐色；花数朵簇生或单生，为伞房花序，顶生，单枝花苞数 3～25 个，单花枝长度 30～150 cm；花鲜红色，重瓣，花径 7～12 cm，开放后逐渐变紫红色，花型大，花瓣 30～35 枚；叶互生，羽状复叶，深绿色，叶表面光泽较弱，小叶 5 枚或 7 枚，叶椭圆形或卵圆形，顶端小叶叶尖骤尖、基部圆形；嫩枝表皮绿色，后呈灰色或白灰色，斜直刺，数量较多，有大量小密刺；果球形，黄褐色，萼宿存。

【花期】4 月至 9 月下旬。

【香味】浓香味。

【习性】冬季落叶休眠，春季发芽开花，适应性强，生长势强，抗病性中等，产量高，易染白粉病、黑斑病、锈病。

【应用】作为鲜花饼的馅料、玫瑰糖、原浆等食品原料，花瓣可鲜食、制茶、酿酒、制酱等。

滇红玫瑰

3. 金边玫瑰 (*Rosa* 'Jinbian')

【别名】马缨山刺香玫瑰。

【特性】半直立宽灌木, 株高 60~150 cm, 基部重生枝较多; 花枝长 40~120 cm, 花枝顶端分枝 3~12 个, 单分枝花苞数量 3~15 个; 花桃红色, 花径 2~4 cm, 花瓣基部白色, 花瓣背面中央有白色直条纹, 花瓣 16~21 枚; 花瓣心形, 边缘无波形; 萼片延伸程度较弱, 花梗细短, 紫红色, 有刺毛; 叶片深绿色, 小叶 5 枚或 7 枚; 顶端小叶卵圆形, 叶尖渐尖, 顶端小叶基部钝形, 边缘复锯齿、波形强; 斜直刺, 浅红色; 枝浅绿色, 枝下部刺数量中等, 上部有紫红色密刺。

【花期】3 月下旬至 12 月上旬。

【习性】植株长势强, 产量高, 抗病、抗逆性强。

【应用】新鲜花蕾无香味, 干燥花蕾具香味, 主要用于制作花茶。

金边玫瑰

4. 平阴玫瑰

平阴玫瑰是独具特色的优质玫瑰品种，产于山东省济南市平阴县。它以花大色艳、香气浓郁、含油量高而驰名中外，被国内外专家公认确定为"中国传统玫瑰的代表"。近年来，山东省平阴玫瑰研究所的科技人员通过陆续引进、开发培育出了一系列新品种，使平阴玫瑰品种资源日益丰富，这些类型统称为平阴玫瑰，为当今玫瑰的主要类型。代表品种有丰花玫瑰、紫枝玫瑰。

盆栽平阴玫瑰

丰花玫瑰

【特性】株型直立开张，株高1.0～1.2米，花单生或数朵簇生于当年生枝条的顶端，花重瓣，浅紫色，呈千叶型，花径约8cm，具花大、重瓣率高、丰产、抗病、香气好、出油率高等优良性状。

【花期】4月底至6月上旬第一次开花，嫩枝上的花蕾持续开放到10月中旬。

【香味】主要成分是香叶醇、香茅醇及芳樟醇。

【习性】植株抗性较强，产量高，鲜重产量可达400～500千克/亩，结实能力强，自然落蕾率低于

丰花玫瑰

5%～8%，是大面积推广的优良品种。

【应用】花蕾花瓣可食用，主要用于制作花茶，提取精油、纯露及酿酒、入药、制酱等。

紫枝玫瑰

【特性】直立窄灌木，冬季落叶，基部多分枝，根部易发芽形成花枝，高 120～200 cm，冠幅 120～140 cm；花紫红色，花径 5～8 cm，花单生或聚生；果砖红色；奇数羽状复叶，卵形，叶脉稍下陷，叶片大而平展，小叶数量 7 枚或 9 枚；叶色较淡，质薄；托叶瘦长，顶端小叶基部圆形，叶尖渐尖形，叶边缘宽单锯齿，背面有茸毛；嫩枝光滑无刺，表皮嫩绿色，冬季呈亮紫色，枝条较细，除基部少量皮刺外上部分枝几乎无刺；植株茎下部多细密刺，刺形态为细长平直刺，数量中等。

【花期】4 月下旬至 10 月下旬多次开花，花量主要集中在初花期。

【香味】香味浓郁。

【习性】生长势和抗病性强，花蕾产量中等。

【应用】花蕾花瓣可食用，主要用于制作花茶、提取精油、窨茶、酿酒、入药、制酱等。

紫枝玫瑰

5. 大马士革玫瑰（*Rosa damascena*）

【别名】突厥蔷薇。

【特性】落叶直立丛生灌木植物，属古典庭院玫瑰。主干粗壮，枝条直立丛生，密生硬刺，叶片为灰绿色，小叶 7 枚。每年开花，重瓣，花托上有小刺密布，花瓣边缘颜色稍浅，有绸缎般的质感。

【花期】4 月。

【香味】香而不腻，温和醇香，主要成分是 2-苯乙醇及丁香酚。

【习性】每年开花 1 次，花后休眠，第 2 年 4—5 月从老枝条上长出新花蕾，种植第 3 年达到丰花期，其丰花期可长达 15～20 年，丰花期亩产鲜花 400～500 kg 或花蕾 200～250 kg。种苗可通过压条和嫁接繁殖，栽培对土壤、海拔高度、光照、风速、降水量、冻土层深度等有着严格的要求，不同海拔精油出油率不同。

【应用】被广泛种植用以提取玫瑰精油。

白色大马士革玫瑰

粉色大马士革玫瑰

6. 千叶玫瑰（*Rosa centifolia*）

【别名】百叶蔷薇、格拉斯玫瑰、普罗旺斯玫瑰。

【特性】落叶直立丛生小灌木，原产于高加索地区，植株可以生长到2～3 m。枝条较软且无硬刺或基部有少量皮刺，小叶5～7枚，叶片薄，长圆形，先端急尖，基部圆形或近心形，边缘通常有单锯齿，上面无毛或偶有毛，下面有柔毛，托叶大部贴生于叶柄，离生部分卵形，边缘有腺体。花托光滑无刺，花朵粉色，多瓣。

【花期】4 月。

【香味】香气略带有甜味，其香味成分是 2-苯乙醇及丁香酚。

【习性】产花量较低，开花枝条每年只开花 1 次，花后应及时修剪老枝、培育新枝待翌年开花。种苗可通过扦插、压条和嫁接繁殖。

【应用】提取的玫瑰精油属国际香型，清香怡人，是名贵化妆品的添香原料，在国际香料行业经久不衰，供不应求。

千叶玫瑰

7. 苦水玫瑰

【特性】花托短圆形，花紫红色，花朵繁多，花瓣肥硕，色泽鲜艳，香气浓郁纯正。

【香味】香型独特、纯正，主要成分是香叶醇、香茅醇及芳樟醇。

【习性】较抗寒、耐旱、抗病虫害，适应性强，较耐瘠薄。

【应用】含油量高达 0.04%，是世界上玫瑰精油含量最高的玫瑰；有机物含量很高，尤其是维生素 C 含量高于其他玫瑰品种 28%。产品有玫瑰花蕾茶、玫瑰花酱及玫瑰精油皂、玫瑰保湿乳液等化妆品。

苦水玫瑰

第三节 高效栽培技术

一、种苗繁殖

目前市场上生产的玫瑰种苗有组培苗、扦插苗、嫁接苗及实生苗。组培苗生产成本较高，常用于遗传转化体系构建、稀有品种快速扩繁原原种和原种等。实生苗成本低廉、种苗生长旺盛、根系发达、寿命较长，但生产时间较长，且存在种苗不整齐、一致性较差、杂交种子有一定比例的后代分离现象。因此，目前玫瑰产业化生产用种苗市场上较多的是扦插苗和嫁接苗。扦插苗是直接用玫瑰品种的母本作为插穗，采用单芽或多芽扦插方式生产的种苗，种苗整齐、一致性高，能保持母本性状，且生长较快，抗病性强，开花快而早，产量高，成本较低。嫁接苗是以蔷薇为砧木，以玫瑰品种母株当年腋芽为接穗嫁接培育成的玫瑰种苗，嫁接苗生长快，成活率高，开花早，产量高，使用寿命远大于扦插苗，且由于砧木为蔷薇，抗病、抗逆性较高。

（一）组培繁殖

关于玫瑰的组织培养，国内外学者开展了多方面的研究。下表总结了文献报道的玫瑰组培所选外植体及培养基配方。

文献报道的玫瑰组培培养基配方

品　　种	外植体	初代培养基	增殖培养基	生根培养基
玫　瑰	茎　段	MS+0.5 mg/L 6-BA+0.1 mg/L NAA+0.4 mg/L GA_3，B5+2.90 mg/L 6-BA	MS+1.0 mg/L 6-BA+0.05 mg/L NAA+0.8 mg/L GA_3	1/2MS+0.2 mg/L NAA+0.5 mg/L IBA+ 1.5 g/L AC
	叶　片	MS+1.0 mg/L 2,4-D+0.5 mg/L 6-BA，1/2MS+ 1.0 mg/L TDZ+ 0.05 mg/L NAA	1/2MS+0.5 mg/L 6-BA+0.05 mg/L NAA	
紫枝玫瑰	茎　段	MS+0.02 mg/L NAA+0.4 mg/L 6-BA		1/4MS+0.01 mg/L NAA+0.05 mg/L IBA
苦水玫瑰	茎　段	WPM+1.5 mg/L 6-BA	WPM+1.5 mg/L 6-BA	WPM+0.1 mg/L IBA+0.3 mg/L NAA

品　种	外植体	初代培养基	增殖培养基	生根培养基
大马士革玫瑰	茎　段	MS+0.1 mg/L NAA+1.0 mg/L 6-BA	MS+0.05 mg/L 6-BA+0.1 mg/L NAA	MS+2.5 mg/L 2,4-D
	茎　尖		MS+1.0 mg/L 6-BA+0.05 mg/L NAA	
滇红玫瑰	茎　段	WPM+1.0 mg/L 6-BA+0.01 mg/L NAA+0.5 mg/L GA$_3$		1/2MS+0.5 mg/L 6-BA+1.0 mg/L IBA+0.1% AC, 1/2MS+2.0 mg/L 6-BA+1.0 mg/L IBA +0.1% AC
抗盐玫瑰	幼嫩单芽茎段		MS+1.5 mg/L 6-BA+0.3 mg/L IBA, 3/4MS+0.3 mg/L IBA	1/2MS+0.3 mg/L NAA

注：MS 指 MS 培养基，是由 Murashige 和 Skoog 于 1962 年为烟草细胞培养设计的，其特点是无机盐和离子浓度较高，是较稳定的离子平衡溶液，它的硝酸盐含量高，其养分的数量和比例合适，能满足植物细胞的营养和生理需要，因而适用范围比较广，多数植物组织培养快速繁殖用它作为培养基的基本培养基。WPM 指木本类植物培养基（woody plant medium）。B5 指 Gamborg B5 培养基，是 1968 年由 Gamborg 等为大豆组织培养设计的，主要特点是铵盐含量较低，该营养成分可能对不少培养物的生长有抑制作用，该培养基在豆科植物上用得较多，也适用于木本植物。6-BA 为 6-苄基腺嘌呤。NAA 为萘乙酸。GA$_3$ 为赤霉素。2,4-D 为 2,4-二氯苯氧乙酸。TDZ 为噻苯隆。IBA 为吲哚丁酸。AC 为活性炭。

1. 外植体选择

玫瑰离体快繁外植体主要包括玫瑰的茎段，大马士革玫瑰的茎尖、茎段以及叶片，野生玫瑰的茎段，苦水玫瑰的茎段，重瓣红玫瑰的茎段，墨红玫瑰的茎段，紫枝玫瑰的茎段以及滇红食用玫瑰的茎尖和茎段等。不同类型玫瑰的外植体组织培养效果差异较大，可能与玫瑰的品种、植物激素等相关。同一品种的不同茎段、取材部位也会影响到玫瑰

芳香植物新优品种高效栽培技术

组织培养的成功率，其中，当年生枝条上部和中部的带芽茎段、茎尖褐变率低，是适合组织培养的理想材料。玫瑰外植体取样时间需兼顾外植体的再生能力和组培污染率等，宜在玫瑰再生能力强、携带病菌少的季节进行。茎段组织培养在芽休眠末期或者萌动初期进行效果最佳。由于不同地域气候的差异，各地玫瑰外植体适合取样时间也存在差异。在陕西，玫瑰茎段外植体的最佳选取时间在 3—5 月及 10 月中旬，而盛夏季节最不适于玫瑰组培。在山东，4—12 月，外植体污染率逐渐上升，其中，4—9 月以细菌性污染为主，10—12 月枝条逐渐进入休眠，霉菌污染率逐渐升高，4 月是取样的最佳时期。

2. 外植体消毒

对于玫瑰等木本植物，组织培养最具挑战的是无菌体系的建立。75％乙醇（C_2H_5OH）、升汞（$HgCl_2$）、次氯酸钠（$NaClO$）等是玫瑰外植体的主要消毒剂，可单独使用也可两两配合使用，添加一定量的吐温-20（Tween-20）能提高灭菌效果。玫瑰茎段消毒后宜适当切除两端接触消毒剂的部位，在无菌吸水纸上吸干表面水分再进行组织培养，可减少携带的病菌，提高组织培养的成功率。外植体消毒时间尤为关键，不同玫瑰品种对消毒灭菌所能承受的时间存在差异。在玫瑰茎段消毒中，0.1％升汞的消毒时间宜在 5~12 min，2％次氯酸钠的消毒时间在 8~20 min，消毒时间根据外植体幼嫩程度、季节等综合考量而定。以种子合子胚为外植体时，玫瑰种子应消毒处理以获得无菌外植体。除了消毒剂的选择、消毒时间的控制，对外植体低温预处理也有助于消毒充分，降低污染率。于福科等（2002）将玫瑰枝去叶剥刺后置于冰箱低温处理 7 d 再进行消毒，发现该方法可有效降低污染，减轻褐变，也不影响茎段腋芽的萌发。

3. 培养条件

温度、光照、湿度及 pH 等是组织培养体系成功建立的重要环境因素。徐立军等（2015）以 MS 为玫瑰初代培养的基本培养基，以 MS、

WPM 为增殖培养的基本培养基，以 1/2MS 为生根培养的基本培养基。基本培养基通常添加 20～30 g/L 蔗糖、6～12 g/L 琼脂，pH 为 5.8～6.2。温度是组织培养的关键环境因子，生根阶段对温度的变化非常敏感，过高、过低的温度会导致幼嫩植株生根数量减少。在培养室温度（25±2）℃、湿度 30％～45％、光照时间 12～16 h/d 条件下，玫瑰组织培养效果较好。适宜的光照强度是玫瑰组培苗正常生长的必要条件，2 000～3 000 lx 的光照度为最佳光强范围。黑暗培养对叶片不定芽的诱导起重要作用，邢文等（2014）的研究发现，最适合玫瑰不定芽诱导的暗培养时间为 10～15 d，在暗培养结束后，外植体继续在诱导培养基上转入光照培养，15～20 d 后再转入增殖培养基，培养效果最好。

4. 初代培养

在玫瑰腋芽萌发中，使用的植物生长调节剂包括细胞分裂素类的 6-苄基腺嘌呤（6-BA）、噻苯隆（TDZ）、2,4-二氯苯氧乙酸（2,4-D）等，生长素类的萘乙酸（NAA）和赤霉素（GA_3）等（见 29 页表格）。卢绪娟（2007）以玫瑰幼嫩叶片为外植体建立不定芽再生体系，发现 6-BA 是影响愈伤组织质量的主要因素；李敏等（2016）在玫瑰嫩茎基部直接再生芽苗的诱导研究中发现 6-BA 的浓度尤为关键，过高浓度的 6-BA 会抑制玫瑰芽苗再生。不同品种的 6-BA 最适浓度存在差异，如重瓣红玫瑰为 1.5 mg/L（陈宇杰等，2019），紫枝玫瑰为 0.4 mg/L（朱翠英等，2005）。在初代培养中，NAA 浓度通常低于 6-BA 浓度，以 0.02～0.30 mg/L 较适宜。用于玫瑰初代培养的外植体包括茎段、叶片等，其中茎段培养更为常见，培养周期最短，在初代培养基上培养 5 d 左右，茎段腋芽可长至 3～5 mm，培养 10 d 后可长至 1 cm 左右，并有新叶露出。在以玫瑰幼嫩叶片为外植体的愈伤组织诱导中，发现同一叶片的叶基再生出愈伤组织的能力最强，离体叶片接种 15～20 d 可见愈伤组织发生。除了植物生长激素对不定芽诱导存在影响外，暗培养时间也是重要的影响因素，暗培养可促进不定芽诱导，但不利于不定芽再生。

5. 增殖培养

在玫瑰的继代增殖培养阶段，不同生长调节剂配比是影响丛生芽继代增殖的关键。增殖培养使用的生长调节剂主要有 NAA、6-BA、GA_3 等（见 29 页表格），丛生芽的发生源主要为腋芽和不定芽。6-BA 和 NAA 的浓度影响增殖效果，当 6-BA 浓度为 $0.5 \sim 3.0$ mg/L、NAA 浓度为 $0.01 \sim 0.10$ mg/L 时增殖效果较佳。张武等（2018）在 WPM 培养基中添加 $0.6 \sim 1.5$ mg/L 6-BA 时，苦水玫瑰的丛生芽增殖倍数随 6-BA 浓度的增加呈逐步上升趋势，当 6-BA 浓度达到 1.5 mg/L 时，丛生芽的增殖系数最高，达到 3.56。大马士革玫瑰芽苗增殖系数随 6-BA 和 NAA 浓度的提高而增加，其中 WPM+3.0 mg/L 6-BA+0.1 mg/L NAA 为最佳的继代增殖培养基（徐立军等，2015）。在 MS 培养基中，6-BA 浓度为 1.0 mg/L 时，大马士革玫瑰新芽的增殖能力最强，增殖系数最大，为 4.2（黄颖等，2014）。增殖效果最佳的 6-BA 浓度不同可能与玫瑰品种、培养基类型等因素相关。植物激素的选择也影响到愈伤组织增殖、不定芽再生。TDZ 有利于诱导玫瑰愈伤组织再生不定芽，相比 TDZ，6-BA 不能诱导不定芽，但有利于不定芽增殖再生，2,4-D 对不定芽的再生有显著的抑制作用。在不定芽增殖培养中，低浓度 6-BA 和 NAA 组合的增殖效果较佳。邢文等（2014）发现，叶片愈伤组织分化出的不定芽在 MS+0.5 mg/L 6-BA+0.05 mg/L NAA 培养基上进行增殖培养均能形成幼苗。以合子胚为外植体进行增殖继代培养时，使用的培养基为 1/2 MS+1.50 mg/L 2,4-D。除了植物激素、培养基类型，继代次数、椰乳等也能影响增殖效果。张武等（2018）研究发现，随着继代次数的增加，苦水玫瑰丛生芽增殖呈现出较好的增长趋势，继代 1 次时，增殖倍数最低，为 3.82，生长状况中等，而继代 4 次后，芽增殖倍数达到 5.43，且芽体颜色和芽的质量均较佳，这表明适当增加继代次数可提高玫瑰丛生芽的增殖倍数，这可能是因为适宜的继代次数有助于提高细胞的分化能力，而过多的继代次数则会导致分化能力的下降。椰乳是一种天然提取物，郑龙飞等（2016）研究发现椰乳对野生玫瑰组培苗的增殖和植株长势都有明显的促进作用，还可延长培养时间，减少接种次数，降低成本，这可能是因为椰乳中含有细胞分裂素等物质，能促进丛生芽的分裂。

6. 生根培养

29页表格中列举了几种常用的、已报道的生根培养基配方。NAA、IBA与促进植物细胞分裂和根的分化相关，6-BA与细胞分裂、顶端优势改变以及芽的分化等有关。解决组培苗根系褐化问题可提高玫瑰组培快繁的成功率，褐化的发生与外植体组织中所含酚类化合物的多少、多酚氧化酶活性有直接关系，通过添加抗褐化剂（硫代硫酸钠、维生素C）、吸附剂等可防止外植体褐化。添加活性炭（AC）可以吸附酚类物质，抑制玫瑰植株基部的愈伤组织化，极大地促进植株生根，减少根的褐化程度，AC促进生根也可能与其改善玫瑰组培苗根际的通气条件相关。

7. 炼苗移栽

炼苗移栽是玫瑰组培苗由无菌的培养基环境向露地栽培转变的重要环节。玫瑰组培苗与大田苗在形态和组织上存在差异，如组培苗无根毛，叶片角质层不发达且移栽初期保水能力差等。炼苗驯化可促进玫瑰组培苗适应外界环境，炼苗的方法和时间直接影响试管苗的移栽成活率。炼苗时先将培养幼苗的组培瓶转移到栽培环境培养3 d左右，移栽时清洗干净根部培养基，并对移栽基质消毒杀菌。推荐用5 mg/L高锰酸钾溶液洗去组培苗根部的培养基，再转移到用多菌灵100倍液消毒过的腐烂松针、泥炭土和细河沙（1：2：1）混合的移栽基质中，薄膜覆盖以保湿保温，湿度保持在70%～80%，温度控制在（20±2）℃，每天自然光照9 h，3 d后通风换气，7 d后揭膜，每天适时喷洒清水2次。

（二）嫁接繁殖

1. 砧木选择及培育

生产上选用根系发达、生长旺盛、抗病性强、抗寒性强的白玉堂、粉团蔷薇、花旗藤蔷薇等野生蔷薇作砧木，如花旗藤蔷薇具有枝条直而长、粗壮、与玫瑰嫁接亲和力强、皮层易剥离等特点。最好建立稳定的砧木圃，选用 2～3 年生的蔷薇根桩，在秋季进行栽植，株行距保持在 20 cm×40 cm，移栽后加强水肥管理，促使翌年枝条生长壮旺、抽条多，便于获得较多的砧木用于嫁接。蔷薇砧木扦插春、夏、秋都可进行，其中以 9 月中旬至 10 月中旬最佳，方法是将当年生直径 0.5 cm 以上、发育充实的蔷薇枝条剪成 10～20 cm 的插穗，按（10～15）cm×（20～30）cm 的株行距插入施足基肥、整平深翻的苗床内，深度以地上露 1/3 插穗为宜，插后灌足底水。若夏季扦插，为提高成活率一要适当遮阴，二要适当浅插，因过深易造成缺氧而死亡。在蔷薇砧木插穗充足而土地面积不足的情况下可适当密插，按 200 株/m² 左右进行扦插，翌年春天按一定株行距移栽或出售。

2. 接穗的选取

接穗品种应选择市场前景好、产量高的优质品种。用于接穗的枝条要选择发育充实、芽体饱满的当年生枝条，避免选用开花枝和徒长枝。夏季芽接用的接穗，最好随采随用以保证成活率，采下后要立即剪除叶片，仅留 0.5～1.0 cm 的叶柄。春季枝接用的接穗，一般都是结合冬季修剪挑选收集，经沙藏处理，随接随取。接穗应注意保湿，最好放入桶内，将基部浸于 10～15 cm 深的清水中，放在背阴处备用。一般情况下，如果不失水，保存 1～3 d 不会影响嫁接成活率。

3. 苗床准备

苗床南北向建立在通风、光照条件良好的露地或温室中，大小根据需要而定。基质选用蛭石、泥炭等。床底用砖铺或铺地布。苗床宽度宜为 1.0～1.5 m，铺上 10～15 cm 厚的基质，同时安装上全光弥雾喷雾设备。整好后的苗床基质用 0.3% 高锰酸钾溶液消毒后再喷透水备用。气温控制在 15～28 ℃，相对湿度控制在 80% 左右。

4. 嫁接

嫁接方法有枝接、芽接。枝接方法可采用劈接、切接等，要求砧木地上粗度在 0.7 cm 以上。芽接分为 T 形芽接、带木质部芽接及"一条龙"分段嫁接。

（1）T 形芽接。先在砧木距地面 3～5 cm 处选光滑部位用刀切一 T 形切口，切口深度达木质部，然后在芽的下方 1.5～2.0 cm 处下刀，略倾斜向外推削到横切口，用手捏住叶柄掰取接芽，然后自下而上插入 T 形切口内，使芽片上端对齐砧木横切口，最后用 0.8～1.0 cm 宽的塑料膜条由下而上绑紧包严。

（2）带木质部芽接。在砧穗不离皮时较为适用，具体方法为先在接穗芽上方 1 cm 左右处自下斜切一刀，长约 1.5 cm，然后在芽下方 0.5 cm 左右处切成 30°斜面到第一切口底部，取下稍带木质部的芽片，芽片长约 1.5 cm，然后依照芽片大小，相应地在砧木上向上向下切一切口，长度较芽片略长，后将芽片嵌入砧木切面上，使双方形成层最少有一侧对齐，最后用 0.8～1.0 cm 宽的塑料膜条由下而上绑缚包严。

（3）"一条龙"分段嫁接。嫁接以开春芽萌动前进行为宜，6 月至 7 月下旬，待砧木圃内枝条长成，清除砧木株上细弱而短小的枝条后，浇透水，采取玫瑰良种母株上腋芽饱满的当年生枝条作接穗，在预留蔷薇枝条上用芽接法（带木质部芽接法或皮接法）进行分段嫁接，从蔷薇枝条根部往上每隔 25 cm 或间隔 4～5 个蔷薇芽嫁接 1 个玫瑰芽，直到砧木枝条半木质化处，打去顶尖。嫁接芽最好紧邻在 1 个蔷薇芽的下方。每砧木枝条粗细和长度不同，所接玫瑰芽的数量不等。

为提高嫁接成活率及嫁接工作效率，解决接芽与砧苗争肥争水的矛盾，芽体嫁接前应对砧木基部的丛生枝、乱枝等多余枝条进行剪除，每株只需留 2 个枝条，一个为备接条，一个为接芽营养枝，并清除杂草。嫁接前 3～5 d 灌 1 次透水提高苗木含水量以利离皮，增强砧木与接穗亲和力，提高嫁接成活率。嫁接有 2 个时期，一为休眠期嫁接，一为生长季嫁接。休眠期嫁接一般在早春、晚秋时进行。早春玫瑰发芽前10～15 d（2月中下旬）及秋天落叶后（10月中下旬），凡接穗和砧木不离皮时均可进行枝接或带木质部芽接。若接穗保存得好，只要接芽不萌发，此时砧木生理活性更强，能尽快促进愈伤组织形成。在生产中多用木质部芽接代替枝接，既可节省接穗开支，又不受嫁接时间及砧木粗度的影响。生长季节嫁接自早春到晚秋在玫瑰整个生长季都可进行，只要砧木和接穗能够离皮都可以进行嫁接，但以6月中旬至7月中旬为嫁接的黄金时间，因为此时当年新梢已发育成熟，砧木枝条粗度也多在0.5 cm以上，双方皮层均易剥离，形成层生长旺盛，易操作，成活率高。砧穗长势及易剥离皮层的时期，也因土壤水分、砧穗发育程度以及病虫害发生与否等有所差异，在实际生产中，应根据砧穗生长情况确定芽接时间，原则上越早越好。

5. 嫁接后管理

芽接10～15 d进行解绑剪砧工作，即在接芽上部2 cm左右处剪掉上面砧木。当接芽长到8枚以上复叶时，再把砧木枝条全部剪掉。当接芽长到20～25 cm时，要进行重摘心促使形成分枝。同时做好除蘖、病虫防治、肥水管理等工作，使之形成优质壮苗。"一条龙"分段嫁接的接后管理为将嫁接7 d后的蔷薇枝条剪下并分段剪开，嫁接的玫瑰芽在剪截段的上部，距离顶端1.5 cm。剪截段上端留1个蔷薇芽，下端剪成45°斜面便于扦插与生根。剪截段下端保留上部2枚复叶，每个复叶留2～4枚小叶，其余叶片去掉，保持湿润不失水。将剪截段扦插在消毒后备用的苗床上，扦插深度为5 cm左右，每平方米扦插600～700棵，太稀浪费苗床，太密影响成活率，扦插后的苗床喷透水。苗床扦插后的管理必须做到认真细致。每天适当喷水，喷水过多砧木易腐烂变黑逐渐死亡，喷水过少影响砧木愈合生根。每天定时打开全光弥雾设备开关，根据天气的阴晴变化及床面相对湿度调整喷雾时间与间隔时间，要保持砧木枝条叶片鲜绿不失水。正常情况下，15 d后愈伤率可达95％以上，18 d左右开始生根，扦插 20 d 后适当减少喷水防止嫩根腐烂，扦插后 30～35 d 砧木插条便可形成完整的根系，部分嫁接的玫瑰芽也已萌发生长，此时每天喷水 1～2 次，保持 3～5 d 准备移栽。移栽时挑出接芽死亡的砧木插条，接芽成活的插条保留原有复叶，抹去砧木上萌生的蔷薇芽以集中水分、养分供给嫁接芽。在水肥充足、事先整好墒面的地块或营养钵栽植。栽植株距 15～20 cm、行距35～40 cm、深 8～10 cm，栽后覆土浇透水。因夏、秋温度高，栽植后 3～4 d 视墒情浇水，待地表稍干后及时松土除草，防止地面裂缝与板结。根据栽植后的具体生长情况适时抹除砧木上的蔷薇芽条，待嫁接芽长到 15～20 cm 时解除嫁接绑系物。

（三）扦插繁殖

目前，玫瑰种苗扦插繁殖普遍采用全光照喷雾嫩枝扦插繁育技术，即在自然光照条件下，插穗带叶片扦插，利用半木质化的嫩枝插穗和排水透气良好的插床，采取白天自动间歇性喷雾的现代技术进行高效率的规模化扦插育苗。与传统硬枝扦插相比，具有扦插生根容易、成苗率高、育苗周期短、一年可扦插多批、穗条来源丰富且规模化等优点，在应用中具有容易掌握、操作简单、投资少、效益高等特点。

玫瑰扦插繁殖

二、栽培管理

（一）墨红等食用玫瑰

1. 选地整地

玫瑰喜光照充足、通风良好、土层深厚肥沃、富含有机质的微酸性土壤。适宜生长海拔为 1 400～2 400 m，种植地块应排灌方便，忌迎风口。栽培地块经深耕平整、暴晒 7～10 d 后，根据土壤肥力每亩撒施腐熟农家肥（基肥）1 500～4 000 kg 或有机肥 300～500 kg。每 2 m 开畦，整理成南北朝向的畦面，畦宽 80～100 cm、高 15～40 cm，沟宽 100～120 cm，畦高据种植地坡度、雨季地下水位、排水系统等进行调整，畦的长度依地势而定，安装滴灌设施的，畦长宜整理成 40～50 m，整理完成后，畦面宜覆盖地膜。

2. 定植

选择苗龄一致，植株生长旺盛，茎挺拔，叶色正常，根系发达且分布均匀，无肉眼可见的病虫和病虫危害症状，无畸形、药害、冷害和肥害的种苗，在 3—9 月定植，定植时应避开高温、强光照和低温时节。

墨红玫瑰和滇红玫瑰采用梅花型双行种植，每亩定植 900～1 000 株；紫枝玫瑰和金边玫瑰采用单行种植，每亩定植 600～700 株。定植示意见下图。定植时采用穴植，种植穴宜略大于植株根系，定植后及时浇水。

3. 定植后管理

定植完成后结合中耕培土、施肥、松土等措施进行人工或机械清除田间杂草，以畦面为主，沟内杂草可适当留存（高度应≤15 cm），并以不影响作物生长和人工作业为宜。不同株龄种植地块除草措施见下表。金边玫瑰杂草情况见下图。

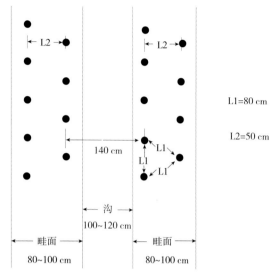

墨红玫瑰和滇红玫瑰定植示意

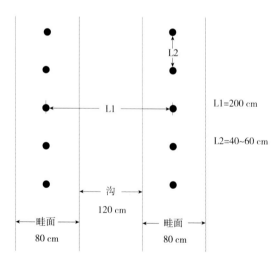

紫枝玫瑰和金边玫瑰定植示意
（云南省花卉标准化技术委员会，食用玫瑰生产技术规程，2015.）

食用玫瑰不同植株年龄种植地块除草措施

株　龄	除草措施	除草次数（次/年）
1年	结合地膜覆盖控制杂草	3～4
2年	结合植株生长控制杂草，冬季施肥、畦面覆土并清除杂草	2～3
3年以上	根据植株株型培养来控制杂草，定向培养枝条，扩大植株的覆盖率；冬季施肥、畦面覆土并清除杂草	1～2

金边玫瑰伴有杂草

4. 水肥管理

根据植株生长情况适时浇水，忌沟间积水，注意雨季排水。宜采用滴灌等节水灌溉措施。苗期应保持种植墒面湿润，根据天气情况适时调整浇水间隔时间，以保持植株根部周边土壤含水量40％～80％为宜；开始萌芽前浇透水1次，萌芽后每10～15 d浇1次，以保持植株根部周边土壤含水量40％～80％为宜；初次现蕾期浇透水1次，往后每7～10 d浇1次，以保持植株根部周边土壤含水量30％～70％为宜；开花后每10～15 d浇透水1次，以保持植株根部周边土壤含水量25％～50％为宜；休眠后浇透水1次，之后每隔15～20 d浇1次，以保持植株根部周边土壤含水量10％～30％为宜。施肥应根据土壤肥力少量多次施肥，植株不同生长时期施肥措施见下表。

食用玫瑰不同生长时期施肥措施

时　期	品　种	施肥措施及数量（按亩计）
生长期	墨红玫瑰和金边玫瑰	根据植株长势施肥 1 次，施 N∶P∶K（15∶15∶15）复合肥 30～40 kg
	滇红玫瑰和紫枝玫瑰	根据植株长势施 N∶P∶K（15∶15∶15）复合肥 2 次，第 1 次在 3—4 月施 30～40 kg，第 2 次在 8～9 月施 20～30 kg
开花期	墨红玫瑰和金边玫瑰	每次采花后施肥 1 次，根据植株长势和鲜花（花蕾）采收量施 N∶P∶K（15∶15∶15）复合肥 15～20 kg
	紫枝玫瑰	根据植株长势和鲜花（花蕾）采收量于每次采花后施 N∶P∶K（15∶15∶15）复合肥，5 月施 20～35 kg，8 月施 15～30 kg，9 月施 15～20 kg
开花期	滇红玫瑰	根据植株长势和鲜花（花蕾）采收量于每次采花后施 N∶P∶K（15∶15∶15）复合肥，5 月施 30～45 kg，8 月施 20～25 kg
休眠期	墨红玫瑰、金边玫瑰、滇红玫瑰和紫枝玫瑰	在植株根旁开沟，根据品种周年植株长势和鲜花（花蕾）采收量，将腐熟农家肥 1 500～4 000 kg（或有机肥 200～300 kg）＋N∶P∶K（15∶15∶15）复合肥 40～60 kg＋过磷酸钙 50 kg 充分混匀施入沟中，再用土覆盖好

5. 整形修剪

墨红玫瑰等在整个生长季需要进行修剪以促进花芽分化，实现多花，提高产量，不同品种修剪措施见下表。紫枝玫瑰修剪情况及金边玫瑰和墨红玫瑰的栽培情况见下图。

食用玫瑰不同品种修剪措施

品　种	修剪措施
墨红玫瑰和金边玫瑰	采花后剪除枝条上端 3 枚小叶和盲枝；冬季重剪，保留粗壮枝条 4～10 枝，长度为 30～50 cm

品　种	修剪措施
滇红玫瑰	花后修剪，剪除细、弱、病枝；冬季短截修剪，保留粗壮枝条 4～15 枝，长度为 30～50 cm
紫枝玫瑰	花后修剪，保留分枝条 20～30 cm；冬季短截修剪，保留粗壮枝条 3～6 枝，长度为 60～90 cm

紫枝玫瑰冬季修剪情况

金边玫瑰栽培情况

墨红玫瑰栽培情况

（二）大马士革玫瑰

1. 选地整地

大马士革玫瑰喜空气流通、日照充足、温暖、排水良好的环境，种植区域需选择土层较为深厚、土壤结构疏松、排水良好、地下水位较低、具有有机质的沙质土壤的旱田与山坡，不能选有低洼积水或者黏性土壤的区域。如果地下水位较高，地势低洼就会影响大马士革玫瑰的开花，并且发生烂根现象。土壤需要具备丰富的有机质、疏松透气、有团粒结构、微酸性（pH 5.5~6.8）。如果土壤碱性过强，采用石膏进行改良，过酸时采用生石灰进行改良。定植种苗前应对土壤进行深耕、消毒，深耕深度应在 40 cm 以上，施入基肥、草粪等。大马士革玫瑰适合种植的时间为 10—11 月和 3—5 月。大马士革玫瑰具极强耐寒性，在 5 ℃环境中也可以正常生长，而在－5 ℃时会进入休眠状态，能忍受的最低气温为－15 ℃，夏季温度如果持续达 35 ℃以上，会处于半休眠的状态。最适宜生长的日间温度为 18~25 ℃，夜间温度为 10~15 ℃，空气相对湿度为 70%~80%。

2. 定植

在条件适宜的情况下栽植，当年可开花，每年开花 1 次。必须经过休眠期，第 2 年 4 月左右才能从老枝条上长出花蕾，种植第 3 年达到丰花期。挖深度与直径为 40~50 cm 的种植穴，坡地上行距 1.5 m、株距 1.0 m，农田中株距 1.0 m、行距 2.0 m，穴内加入腐叶土和发酵农家肥（2∶1）作为基肥。定植时小心除去根部保护材料，将1/3左右长度的枝条剪去，剪除枯枝与病枝，种苗消毒用0.5%或0.3%高锰酸钾加水调配成1 500倍的液体溶剂，将玫瑰的根部在消毒液中最多浸泡5 s然后迅速拿起种植。注意不要将玫瑰的叶片与枝干放在消毒液中。每种植穴定植1株，每亩种植300～400株，根应向四周均衡地扩展，定植结束后浇足定根水。种植压条苗时，要将其根部及以上30 cm

大马士革玫瑰大苗移栽定植情况

部位一同斜埋进土壤内，以提高其成活率。大马士革玫瑰定植情况见右图。

3. 水肥管理

定植完成后须认真做好田间的水分管理和养分管理，大马士革玫瑰花数量多，肥水量需求大，因此在玫瑰花的生长期最好能够适时浇水施肥，花采摘结束后也要及时进行追肥，促进秋季与夏季苗壮花盛。在施肥的过程中要配合松土除草，以促进其生长。

4. 整形修剪

玫瑰修剪分为冬春修剪和花后修剪，定期修剪是树体花多繁茂的关键，可养壮植株、培养株型、更新主枝及确定花期。冬春修剪通常在玫瑰落叶后至发芽前进行，以疏剪为主，每丛选留粗壮枝条，空间大的可适当短剪，促发分枝，保证鲜花产量。对于长势弱、老枝多的株丛则要适当重剪，留 20～30 cm 即可，翌年春季发枝快而多，促进植株生长。在幼苗生长至 6 cm 左右时摘除顶梢，可促使腋芽萌发，达到增加分枝的目的。此外，在玫瑰苗的生长期要及时清除地面杂草，特别是植株根旁的杂草要多次清除，减少杂草对养分的争夺和消耗，同时把已经老化干枯的玫瑰枝条剪掉，使花丛通风透光。

大马士革玫瑰栽培情况

（三）千叶玫瑰

千叶玫瑰香型怡人，开花枝条 1 年只开花 1 次，翌年老枝不再开花，所以每年必须繁育新枝来提高翌年产量，一般每亩产鲜花 350～400 kg，最高可突破 500 kg。

1. 定植

千叶玫瑰可采取单行种植和间作种植。单行种植定植密度为株行距（0.7～0.8）m×2.0 m，每亩定植 416～475 株。间作种植定植密度为株行距 1.1 m×3.0 m，每亩定植 200 株。定植时间以春季未萌芽前及 10 月中旬至 11 月中旬落叶后为宜，秋季定植成活率高。定植有穴植和条植，挖定植穴时应根据地势和方位定行向，以南北向最好。采用条植时先挖沟，沟深 30～50 cm、宽 30～40 cm。定植穴（沟）中可施少量基肥，基肥不推荐用化肥。定植时将苗木垂直放入穴中，根颈与地面相平，根系充分舒展，然后边填土边抖动根系，踏实浇透水，剪除距地面20～30 cm的上部枝条及多余侧枝，稍干后在苗木基部覆土堆，厚度20 cm左右，以保湿及防冻。

2. 水肥管理

定植完成后应及时进行水肥管理，全年灌水4～5次，在3月中旬和7月配合追肥各灌水1次，在5月开花前和开花后及封冻以前各灌水1次。推荐施用基肥，每年施2次，春季土壤解冻后施1次，每株施15～20 kg优质农家肥，可穴施或沟施，秋季在9—10月施1次基肥。追肥每年2次，即在2次基肥之后配合灌水追施化肥，一般每亩穴施尿素和磷酸氢二铵15～25 kg即可。

3. 整形修剪

千叶玫瑰定植时应修剪，以繁育新枝并减轻病虫害。生长期修剪为每年花期之后将开花枝离地面30～50 cm的枝梢剪掉，以促发新枝，增加翌年产量。春天发芽前剪去头年发育不充实的秋梢和其他细弱枝，以集中养分供开花之用。

（四）苦水玫瑰

1. 选地整地

苦水玫瑰生长迅速，萌芽性强，分枝多、开花密，根系发达。幼苗定植后第2年便分蘖，形成10个左右直立的茎株丛，并开始开花；第3、4年茎枝陆续增多，树冠迅速扩大，开花数量显著增加；第5年每丛主茎多达20个左右，植株高达2.4 m左右，水平冠幅纵横各2.0 m以上，各级侧枝多达400个左右，形成强大的开花基础，进入盛花期一般每株丛开花2 500朵左右。河谷、川地、盆地、山坳和背风向阳的山坡脚都是适宜玫瑰生长的地方，种植地块应将道路分布、水源排灌条件与玫瑰栽植规划结合起来统筹安排，做到操作、运输方便，保证需水能灌、水多能排。

苦水玫瑰根系发达,以侧根居多,根系主要分布在 50 cm 的土层内,所以栽植前须深翻整地 1 次,翻地深度 50 cm 以上,使土壤暴晒和充分熟化。秋季浅翻 1 次,深度 30 cm 以上。

2. 定植

栽植苦水玫瑰时应选用茎充实、芽体饱满、色泽正常、无机械损伤、无病虫危害、无枯梢失水现象的健壮苗木,以保证定植后成活率高、生长好。合格苦水玫瑰苗为地径 0.5 cm 以上,有 3～4 条长 10～15 cm 以上的主侧根和 2～3 个长 12～15 cm 的分枝。对于根系过长、茎过高的要适当修剪,从大株丛上分离出来的苗也要有较好的根系,以利成活。栽植前苗木要及时采用石硫合剂或波尔多液浸 15 min,然后用清水冲洗并在水中浸根 2～3 h,取出埋土备用。

定植期以萌芽前春栽为好。栽植密度要适当,一般中等肥力的地块宜株行距为 1.4 m×2.5 m 或 1.2 m×2.8 m,每亩栽植 2 550～3 000 株比较合理。一般沙质土宜深栽,黏质土宜浅栽,干旱地深栽浅覆土并使用地膜覆盖,低湿地宜整理成台地栽植或起高畦。栽植前在深翻好的园地里挖 0.8 m^3 的植穴,然后将 25～50 kg 的有机肥加磷肥 1 kg 与熟土拌匀后填入穴内至 2/3 备用。栽苗时先浇水 15 kg,放入苗木回填熟土并将苗木向上略提,使根系舒展,然后再回填熟土。栽植深度为苗木根颈略高于地面 2～3 cm,经灌水后土壤下沉应补土,使根颈与地面相平。苗木栽好后,浇足浇透定根水。

3. 水肥管理

当土壤水分为田间最大持水量的 60%～70%,土壤浸润深度达50 cm,昼夜平均气温 20～24 ℃时最适宜苦水玫瑰生长。因此,应根据玫瑰的不同生长发育阶段,密切结合气候、土壤墒情确定灌溉时间和灌水量,使玫瑰的各个发育阶段都能获得必要的水分。至少应保证花前透水、花后花芽分化补水和冬季补水，可采用地膜覆盖或覆草以保持土壤水分。施肥应以基肥为主、施肥要早、追肥为辅、给肥要巧为原则，比较合理的施肥量和方法是玫瑰定植后的第 1 年秋末结合株行间深翻混合施入菜籽饼 750 kg /hm²、磷 750 kg /hm²。第 2 年开花前后结合灌水全面撒施追肥 2 次，即花前施尿素 150 kg/hm²，花后施硫酸铵 150 kg/hm²，以保证植株生长迅速；秋末结合深翻扩穴每株施农家肥 25 kg、菜籽饼 0.5 kg，为翌年萌芽长梢储备营养。第 3 年花前结合浇水施催花肥 2 次。从第 4 年起进入盛花期，开花前后株施氮磷复合肥 2 次，每次 0.5 kg，并根据生长开花需要根外喷施磷酸二氢钾和微量元素溶液 2 次，秋末结合深翻株行间施优质农家肥。

4. 整形修剪

苦水玫瑰发枝能力很强，栽植后较早形成树冠郁闭，下部侧枝和灌丛中心部位枝条因光照不足秃棵死亡，形成只在树冠外围开花的现象，降低了鲜花产量。因此，通过整形修剪比较合理地保持株丛中的主茎数量，并在树冠外方、上方、侧方分布健壮枝条，使树冠形成立体生产，有效利用空间，增加开花量。具体操作是定植 2～3 年，植株主要处在茎和枝条旺盛生长期，树冠不断扩大，侧枝数量迅速增加，形成大量花芽，增加产花量，这一阶段将主茎基部数量较多、互相竞争而生长纤弱的萌条和徒长枝一律剪除，一般每丛茎保持 15～20 个，同时短截主茎上部外向饱满芽以萌发侧枝。在第 4、5 年开花后，树冠扩大逐步减缓，树体相对稳定，主要剪去干枯枝、重叠枝、病虫枝、外围下部垂地枝，修剪后一级侧枝保留 5～7 个并均匀分布，以利通风透光。二级侧枝一般数量为 300 个左右。玫瑰盛花后期产花量减少，可采用短缩法修剪，即在霜降前后将离地面 4～6 cm 以上枝条全部剪去，第 2 年春季植株根部长出许多新嫩枝条，待新梢停止生长后把过密、瘦弱的枝条剪去，留下的枝条须分布均匀，并加强肥水管理。第 3 年春季玫瑰生长旺盛，鲜花丰收。也可采用逐年更新法，长枝、开花两不误。

三、病虫害防控

玫瑰主要病虫害有白粉病、黑斑病、灰霉病、霜霉病等，主要虫害有红蜘蛛（叶螨）、蚜虫、蓟马、蛴螬、甜菜夜蛾等。

| 玫瑰黑斑病症状 | 蚜虫为害状 |

红蜘蛛为害状

病虫害防治要做到预防为主、综合防治，优先采用农业防治、物理防治和生物防治，不可使用高残留农药与剧毒农药，可在玫瑰园中养殖一些害虫的天敌，以达到以虫治虫的效果。

1. 农业防治

合理种植，适时疏枝整形，改善通风条件，并及时清理畦面杂草，控制沟内杂草高度≤15 cm；合理灌溉、施肥，适时调控田间湿度，忌田间积水，田间及种植地块周边的感病植株体及开败花朵应及时清除，并深埋或集中烧毁；提倡合理间作，利用生物多样性进行病虫害防治。

2. 物理防治

可在田间设置诱虫板、诱捕器、杀虫灯等诱捕成虫。

3. 生物防治

用蚜茧蜂防治蚜虫、赤眼蜂防治鳞翅目害虫、捕食螨防治红蜘蛛等，并利用生物制剂，提高植株的抗病能力。

4. 化学防治

农药使用按照《农药合理使用准则》（GB/T 8321）的规定执行，鲜花采收期不应使用化学农药，安全间隔期≥15 d，生产中严禁使用国家明令禁止使用的高毒、高残留化学农药，冬季重剪后在田间地块、植株和种植地周边喷施石硫合剂悬浮液 1 200～1 500 倍液，喷1～2 次。玫瑰主要病虫害防治方法见下面的表。

主要病害防治方法

名　称	化学防治
黑斑病	雨季前后发生。发病前喷施 1∶1∶200 波尔多液预防
白粉病	发病前喷施 50％硫黄或 50％福美硫黄可湿性粉剂 500 倍液或 1∶1∶200 波尔多液预防；发病初期可喷 1％蛇床子提取物 500～800 倍液；局部发生较重时采用石硫合剂悬浮液 1 500～2 000 倍液，晴天喷施 1～2 次，或采用 50％醚菌酯 1 500 倍液，喷施 2～3 次

名　称	化学防治
霜霉病和灰霉病	雨季来临前田间喷施预防。采用波尔多液、广谱性杀菌剂（百菌清、多菌灵、甲基硫菌灵、代森锰锌等）1 500～2 000倍液，喷施1～2次预防

主要虫害防治方法

名　称	防治方法	
	物理防治	化学防治
甜菜夜蛾	杀虫灯诱杀，每20亩放置1盏；蛾类诱捕器诱捕，每亩放置5个	1.5%天然除虫菊素600～800倍液或5%鱼藤酮提取物500～800倍液喷雾防治
蚜　虫	田间增设规格20 cm×30 cm的黄板，每亩放置20张，放置高度以高出植株顶端20 cm为宜	1.5%天然除虫菊素600～800倍液或5%鱼藤酮提取物500～800倍液喷雾防治
蓟　马	田间增设规格20 cm×30 cm的黄板或蓝板，每亩放置20张，放置高度与植株顶端平齐	1.5%天然除虫菊素600～800倍液或5%鱼藤酮提取物500～800倍液或0.3%印楝素400～600倍液喷雾防治
蛴　螬	用频振式杀虫灯诱杀成虫，每20亩放置1盏，或利用其假死性震落捕杀	采用50%辛硫磷颗粒剂2.5～3.0 kg加细土25～50 kg充分混合后均匀撒于地面，再深翻入土毒杀幼虫，或开沟撒施石灰，或于晴天清晨或傍晚在田间喷施溴氰菊酯800～1 000倍液，避免喷在植株叶片上，并针对死苗区域重点喷药
红蜘蛛	—	休眠期株丛、地面全面喷洒石硫合剂，发生期用虫螨腈喷杀
玫瑰三节叶蜂	—	成虫发生期喷40%辛硫磷乳油5 000倍液或25%辛硫磷乳油5 000倍液或2.5%氯氟氰菊酯2 000倍液防治；1～2龄幼虫期可用成虫发生期使用的农药的8 000倍液防治，3龄后喷40%辛硫磷乳油5 000倍液或2.5%氯氟氰菊酯2 000倍液防治

资料来源：云南省花卉标准化技术委员会，食用玫瑰生产技术规程，2015.

四、采收与加工

（一）采收

根据加工用途适时采收。制作干花瓣宜在花蕾绽放、花瓣刚好完全伸展、花蕊外露前采收；制作鲜花饼宜在花蕊外露时采收；制作玫瑰酱宜在花蕊外露后采收；制作花茶宜在花苞饱满且显色时采收。采收宜在晴天天亮至 10：00 或 16：00—19：00 进行。

采收的玫瑰花瓣

（二）加工

制作干花瓣或鲜花酱的玫瑰花朵采收后，及时摘下花瓣，去除花托和花蕊，清除病虫及受损花瓣，并在 4～8 h 内完成。处理后应花瓣完好，无杂质、病斑、药斑、虫便、泥土等。处理好的花瓣宜采用食品包装专用塑料筐（长×宽×高为 60 cm×40 cm×40 cm）盛装，避免按压。包装后及时置入温度为 4～6 ℃，空气湿度为 60%～70% 的洁净冷库中贮存待运。

制作花茶的玫瑰采收后清除病虫及受损花蕾，并及时干燥处理至含水量≤13%。处理后花蕾应完整，无污染及病虫害。处理好的干燥花蕾宜采用内置洁净塑料袋的纸箱（长×宽×高为 60 cm×40 cm×35 cm）盛装。不能及时加工的花朵或花蕾，应置于温度为 4～6 ℃，空气湿度为 50％～60％的专用洁净冷库贮存。

烘干玫瑰花

玫瑰花烘干设备

Chapter 3 第三章

香叶天竺葵新优品种高效栽培技术

第一节 概　述

一、生物学特性和生长习性

香叶天竺葵具有广义与狭义之分，狭义的香叶天竺葵特指牻牛儿苗科天竺葵属香叶天竺葵（*Pelargonium graveolens* L.），又称驱蚊草；广义的香叶天竺葵是牻牛儿苗科天竺葵属中茎秆、叶、花均含有芳香挥发油的植物，分为玫瑰天竺葵、波旁天竺葵、豆蔻天竺葵、香叶天竺葵等多个品种，多为基部木质化、上部肉质的多年生草本植物（孙伟等，2002），其嫩叶、花和没有木质化的茎均可用水蒸气蒸馏法提取芳香油（称为香叶天竺葵油），出油率为 0.1%～0.2%。

香叶天竺葵为多年生草本或灌木，高可达 1 m。茎直立，基部木质化，上部肉质，全株长有腺毛，有香味，含芳香油，以嫩梢和叶片中含芳香油最多，茎秆中较少。其叶互生，掌状裂叶，伞状花序。因不同修剪时间气候条件不一，从抽枝到开花的时间也不相同。

香叶天竺葵一般 2～3 年生长最为旺盛，5 年后开始衰退。香叶天竺葵适合在气候温暖、冬不结冰、夏天酷热、雨量适中、阳光充足的地方生长，耐寒性差，怕水湿和高温。喜肥沃、疏松和排水良好的中性或弱碱性沙质壤土。3—9 月生长适温为 13～19 ℃，冬季温度为 10～12 ℃。6—7 月呈半休眠状态，应严格控制浇水。冬季温度应不低于 10 ℃，短时间能耐 5 ℃低温。香叶天竺葵的生长需要充足的日照，光照对其发育和精油含量的增加有良好的作用，年日照时数 1 100～1 300 h 能基本满足其生长的需要，年日照时数在 1 500 h 以上时，含油量显著增加。单瓣品种需人工授粉才能提高结实率。花后 40～50 d 种子成熟。因此，选择栽培地区时应以日照充足向阳为主，要求土层深厚、质地疏松、富含腐殖质的肥沃沙土或壤土，黏重的土壤和低洼排水不良的土地不宜栽培。种植适宜范围在海拔 1 800 m 以下，霜期 10 d 以下的地区。

二、应用前景

香叶天竺葵是一种味辛且温性的花卉，关键作用和功效为祛风、除湿、理气止疼，也有除虫的作用，不仅能煎汤口服，还能泡药酒，外敷则需要适当煎煮或捣碎，在《中华本草》等有相关记述。

香叶天竺葵能用于制作单方精油和护肤品等，可以均衡皮肤的代谢，对治疗湿疹、烧灼及其带状疱疹和冻疮有非常好的作用，还可以调节人体的雄性荷尔蒙，改善经前症候群和女性更年期的问题，另外还可以加强淋巴系统作用，除去内毒素，增加免疫力。

香叶天竺葵还能作为中枢神经系统的补品，能平抚焦虑、消沉情绪，具有减轻心理压力的功效，对治疗抑郁症有非常好的功效，在香薰炉中滴 3～5 滴天竺葵精油能让房间内充满甜美和睦的氛围，情绪愉快，使身心越来越舒适，还可以滋润人体。

第二节　新优品种

香叶天竺葵主要的新优品种有香叶天竺葵、玫瑰天竺葵及波旁天竺葵等。

1. 香叶天竺葵 (*Pelargonium graveolens* L.)

【特性】茎直立，基部木质化，上部肉质，密被具光泽的柔毛，有香味。叶互生；托叶宽三角形或宽卵形，长 6～9 mm，先端急尖；叶柄与叶片近等长，被柔毛；叶片近圆形，基部心形，掌状5～7裂，达中部或近基部，裂片矩圆形或披针形，小裂片边缘为不规则的齿裂或锯齿，两面被长糙毛。伞形花序与叶对生，长于叶，具5～12朵花；苞片卵形，被短柔毛，边缘具绿毛；萼片长卵形，绿色，先端急尖；花瓣玫瑰色或粉红色，长为萼片的2倍，先端钝圆，上面2片较大。蒴果长约2 cm，被柔毛。

【香味】带有玫瑰香气，主要成分是香叶草醇、香茅醇、芳樟醇等。

【花期】5—7月。

香叶天竺葵

2. 玫瑰天竺葵（*Pelargonium roseum*）

【特性】株型略小，整体叶色较深，叶缘浅裂，叶片较平。

【香味】有玫瑰香气，主要成分是柠檬精油、薄荷酮、芳樟醇等。

【花期】5—7月。

玫瑰天竺葵

3. 波旁天竺葵（*Pelargonium asperum*）

【**特性**】株型较大，整体叶色较浅，叶缘为深裂，叶片较皱。

【**香味**】除玫瑰香气外，还多了浓郁的果香和薄荷香。主要成分是香茅醛、薄荷醇、倍半萜烯等。

【**花期**】4—6月。

波旁天竺葵

第三节　高效栽培技术

一、种苗繁殖

香叶天竺葵主要采用无性繁殖和有性繁殖，无性繁殖主要是扦插繁殖，每年在9—10月结合采收剪取健壮粗短的枝条直接扦插于田间或基质中。扦插繁殖管理难度大，并受季节的限制，因此不能周年生产。另外，如果母株带病，扦插苗不能脱毒，导致品质退化。有性繁殖的 F_1 代杂交种子具有生长周期短、株形健壮、多花性、易大批量生产等优势，已代替传统的扦插繁殖成为目前主要的繁殖方法。但杂交种子生产成本高，在保持 F_1 代杂交种子种性的基础上，若采用组织培养进行繁殖，可以大大提高繁殖速度、降低成本和脱毒复壮。

（一）种子繁殖

香叶天竺葵可以用种子进行繁殖，一般要进行人工辅助授粉。播种时播于已经配好的基质中，一般其配比为微酸性土壤∶腐殖土∶珍珠岩＝2∶2∶1。播种后置于20℃温度下，经7～10 d可以发芽出苗。

香叶天竺葵种子发芽出苗

香叶天竺葵育苗

（二）扦插繁殖

1. 直接扦插法

选择生长健壮、节间粗短的 1 年生枝条，经处理后直接扦插于大田。此方法是目前最常用的繁殖方法。

（1）田块整理。扦插前深翻田地 20～40 cm，平整后以 100 cm 开沟作畦，畦面宽 50～60 cm，畦高 20 cm，整平畦面，畦的朝向根据具体田块而定，做到排灌方便。

（2）插穗选择和处理。选择生长健壮、节间粗短的 1 年生成熟枝条作插穗，枝条长度在 15～20 cm，剪枝到扦插的时间越短越好。枝条成熟的主要特征是枝条基部起黄色皮，叶片发硬扎手。从香叶天竺葵母本圃中选取生长健壮、节间短、组织粗实、品种纯、品系优良、无病虫害、无变异畸形的植株剪取 1 年生半肉质化枝条，在靠近节间的部位用锋利的刀片剪下 3～5 节，长 5～8 cm，剪去下部 1～2 枚叶，保留上部 2～3 枚叶。叶柄基部应含有 1～2 个芽；多于 2 个芽的茎段需要分成两个插穗，每个插穗均需带叶片；叶片过大（遮住穴盘孔）时将叶片剪掉 1/2～2/3；插穗下切口要求平滑并保湿，防止插穗切口腐烂和失水，插穗的整形和修剪应在室内或遮阴处进行。扦插剪口用多菌灵 1 500～2 000 倍液或甲基硫菌灵 1 000～1 500 倍液消毒 5～10 min，捞出后稍晾干，防止病害感染。然后将插穗置于萘乙酸和吲哚乙酸混合的生根剂溶液中浸泡 5～10 s；萘乙酸的浓度为 300～600 mg/L，吲哚乙酸的浓度为 150 mg/L。

（3）扦插。扦插的最佳时间为 9 月至翌年 3 月。扦插前把整理好的田块浇透水，使土壤保持较高的湿度，不积水，土不黏手时进行扦插。

扦插时先用木棒打洞，再把处理后的插条插在小洞里，深度保持在 3 cm 左右为佳。每畦插 2 行，行距为 50 cm，株距为 20 cm，每公顷 9.75 万～10.50 万株。插完后立即浇足水，待土壤干时再浇水。

2. 育苗移栽法

选择生长健壮、节间粗短的 1 年生枝条扦插在苗床上进行集中育苗，然后移栽到大田中。一般冬季霜冻重的地区采用此法，并安装防寒小拱棚或遮盖杂草，以利安全越冬，翌年晚霜过后，即可出圃定植于大田。扦插苗床应选择近水源、排水良好、背风向阳、杂草病虫少的地方。苗床上方用塑料薄膜盖好。若扦插遇晴天，则需遮阴几天。

用 50 穴的穴盘填满基质进行扦插，扦插基质由体积比为 3 : 1 : 0.5 的椰糠、泥炭、珍珠岩混合组成；基质的 pH 6.0～6.5，EC[①] 值为 0.5～0.7 mS/cm。

插穗的选择和处理同直接扦插法。插穗插入基质深度为 1.0～1.5 cm，扦插完成后立即喷水。扦插苗床上安装塑料薄膜小拱棚进行保温和保湿，养护环境遮光率 70%～80%，空气相对湿度 80%～90%，白天气温 20～28 ℃，夜间气温 15～23 ℃。

香叶天竺葵扦插苗

---

① EC 用来测量溶液中可溶性盐浓度，也可以用来测量液体肥料或种植基质中的可溶性离子浓度，下同。——编者注

（三）组培繁殖

1. 外植体的选择

外植体类型、取样时间均会影响香叶天竺葵离体组织培养体系的建立，组培苗的再生率、污染率也存在很大差异，选择合适的外植体类型和取样时间尤为关键。一般在 3—4 月或 9—10 月采集长势好、无病虫的健康母株嫩枝或者半木质化的植株作为外植体。

2. 外植体的消毒

外植体消毒包括消毒剂浸泡处理、无菌水清洗等步骤。在消毒剂处理前，对外植体表面进行清洗可降低污染率。75％乙醇（C_2H_5OH）、升汞（$HgCl_2$）、次氯酸钠（$NaClO$）等是香叶天竺葵外植体的主要消毒剂，可单独使用也可两两配合使用，添加一定量的吐温-20 能提高灭菌效果。香叶天竺葵茎段消毒后宜适当切除两端接触消毒剂的部位，在无菌吸水纸上吸干表面水分再进行组织培养，可减少携带的病菌，提高组织培养的成功率。香叶天竺葵叶片和茎秆表面有小茸毛，因此一定要冲洗干净，采集的外植体先用自来水冲洗，再用饱和的洗衣粉溶液浸泡 5 min，流水冲洗干净，然后在超净工作台上用 75％乙醇浸泡 30 s，用无菌水冲洗后，转入 0.1％升汞中，并加 1 滴吐温-20 消毒 7～8 min，消毒过程中不断摇动，使得药剂充分与外植体接触，最后用无菌水冲洗 3～4 次。切割茎段长为 0.5～1.0 cm，然后接种到分化培养基上。

3. 培养基

香叶天竺葵的诱导培养基配方为 MS＋1.0～2.0 mg/L BA＋0.1～0.3 mg/L NAA；增殖培养基配方为 MS＋0.3～0.5 mg/L BA＋0.05～0.10 mg/L NAA；生根培养基配方为 1/2 MS＋0.05～0.10 mg/L NAA。培养基 pH 一般为 5.5～6.0。

4. 培养条件

在培养室温度（25±1）℃、湿度 30%～40%、光照时间 12～16 h/d 条件下，香叶天竺葵组织培养效果较好。适宜的光照度是香叶天竺葵组培苗正常生长的必要条件，2 000～2 500 lx 的光照度为最佳光强范围。

5. 炼苗移栽

炼苗移栽是香叶天竺葵组培生根苗由无菌的培养基环境向露地栽培转变的重要环节。炼苗驯化可促进香叶天竺葵组培生根苗适应外界环境，炼苗的方法和时间直接影响试管苗的移栽成活率。炼苗时先将培养幼苗的组培瓶转移到栽培环境培养 3 d 左右，移栽时清洗干净根部培养基，并对移栽基质进行消毒杀菌。将香叶天竺葵组培生根苗置于室温下 2 d，揭开封口膜，将完整小苗从培养瓶中取出，洗去根部的培养基，放入 0.1% 多菌灵溶液中浸根 1 min。种植于已配好的基质中，基质的配方参考香叶天竺葵的生长习性，其配比为微酸性土壤：腐殖土：珍珠岩＝2：2：1。移栽后，注意水、肥、光、温的管理，香叶天竺葵表皮无革质层，容易失水，相对湿度保持在 80%～90%，温度20～25 ℃，避免强光照射，用透光率为 70% 的遮阳网覆盖，10 d 后每星期浇复合肥营养液 1 次。成活率可达到 90% 以上（蒋亚莲等，2007）。

香叶天竺葵组培苗炼苗流程

二、栽培管理

（一）小苗移栽

3 月底至 4 月初移栽最好。应选择高爽、肥沃的旱地，前茬最好是经济作物。栽前整地，做到土细畦平，每亩植 4 500 株。栽后适时浇水。

（二）田间管理

1. 合理施肥

在翻犁田地前每公顷施腐熟农家肥 15.0～22.5 t，平整畦面时每公顷施复合肥 225～300 kg，并将其翻入土中作基肥。扦插枝条成活，发芽后用稀薄的复合肥或尿素追肥 1 次；立春后，随气温的回升，植株开始发生分枝，生长速度加快，此时应追施复合肥或尿素；枝叶成熟期（采收期）应追施碳酸氢铵，每次采收后都要及时追肥和灌水。在栽培时，除施足基肥外，在生长季节，特别是开花盛期，可每隔 7～10 d 施 1 次稀薄的液肥，用腐熟的畜禽粪加水稀释更好，也可用腐熟的饼肥水。施肥前 3～5 d，少浇或不浇水，盆土偏干时浇施更有利于根系吸收。

2. 水分管理

天竺葵耐干旱、怕积水，在生长过程中应本着"不干不浇，浇则浇透，宁干勿湿"的原则，适当控水。浇水过多，土壤含水量过大，会引起徒长或烂根。春、秋生长开花旺盛时，可适当多浇水，应以保持土壤湿润为宜。冬季气温低，植株生长缓慢，应尽量少浇水。大田扦插完成后及时灌水 1 次，直插苗在扦插后 25～30 d 应检查其生根及成活情况并及时进行补苗。其间根据土壤墒情严格管理好田间水分，一般情况下土壤湿度保持在 70%～80%，待苗完全成活进入生长期后，可减少浇水次数，一般 30～40 d 灌 1 次水即可。灌水过多对香叶天竺葵生长不利。雨季易积水的田块应做好排水工作，避免根腐和黄叶。

3. 中耕除草

中耕除草是田间管理工作中的重要环节。整个生育期应做到保持土壤疏松、无杂草、水分适当。春、秋中耕宜浅，夏季则只宜铲草不能深中耕，越冬时应深耕翻土，为翌年生长创造良好环境。

香叶天竺葵栽培情况

（三）修剪

为使株形美观，多开花，在春季如植株生长过旺，可进行疏枝修剪。开花后及时剪去残花及过密枝。休眠期还应进行 1 次修剪，剪去发黄的老叶，疏去过密的枝条，对过长枝进行短截，以备休眠期过后抽发新枝，继续孕蕾开花。

三、病虫害防控

一般情况下香叶天竺葵的病虫害发生较少，但在高温、高湿环境下会发生根腐病。防治方法：选择排水良好的田块且高畦栽培，大面积种植的地区应进行轮作，施肥过程中可适当增施磷钾肥使植株生长健壮，增强抗病力。发现病株要立即拔除，用石灰液或 30％硫酸铜溶液灌种植穴，以防病菌扩散蔓延。

四、采收与加工

（一）采收

因各地种植时间和气候条件不同，采收时间也不同，一般以畦面被植株完全遮盖，有较浓郁的香气时即可采收。在种植密度合理和良好的肥水条件下，每隔 1 个月可采收蒸馏 1 次，一般 4—7 月香叶天竺葵生长旺盛，此段时间为主要蒸馏期，应及时进行采收蒸馏。采收枝叶时要把握好枝条的成熟特征，即枝条基部变黄，叶片发硬扎手，做到嫩苗不剪，老苗不漏。经研究发现，选择茎秆半木质化并呈褐色的枝条蒸馏的出油率为 0.2％，而选择茎秆木质化、叶色浓绿的枝条蒸馏的出油率为 0.1％，因此尽量在茎秆半木质化并呈褐色时收割。每次采收应掌握"三剪""三留""四要"的原则，即剪长枝、剪老枝、剪匍匐枝，留短枝、留嫩枝、留直立枝，要多留芽和嫩枝、要通风透光、要枝条分布均匀、要培育直立营养枝。遇长时间的阴雨天气时香叶天竺葵出油率低，一般不进行采收蒸馏。1 年生植株第 1 次采收对以后的生长发育和产量有较大的影响，基干枝和骨干枝只剪枝条的上部，并保留 1 个嫩枝或有

采收的香叶天竺葵

采收香叶天竺葵的标准

芽的2～3个短枝，以利再生。第2次采收时剪第1次剪枝时留下的嫩枝和芽长成的枝叶，仍只剪每个枝条的上部，进行轮回修剪采收，同时要注意培植基部营养枝以利更新。

（二）加工

香叶天竺葵采用直接蒸馏法，将收割的枝条分层装入专用的蒸馏器内进行加热蒸馏。装枝条时中部宜松，边缘适度压紧，以免蒸汽受阻，加热不均。蒸馏出的粗精油除去水分后，装入容器瓶内即可出售。

香叶天竺葵精油可以调配精油，制作日化产品等。花草干燥后可以制作成香包。

香叶天竺葵蒸馏　　　　　　　香叶天竺葵蒸馏所得的水油混合物

Chapter 4 第四章
薄荷新优品种高效栽培技术

第一节　概　　述

一、生物学特性和生长习性

　　薄荷（*Mentha canadensis* L.）为唇形科（Labiatae）薄荷属（*Mentha* L.）多年生宿根性草本植物，全株具有浓烈的清凉香味，是一种适应性强、分布广泛的具有特殊芳香气味的植物资源。广泛分布于北半球的温带地区，最早盛产于地中海及西亚一带，现在世界许多地方均有种植，主要有中国、美国、意大利、英国、法国、西班牙、巴尔干半岛等。

　　薄荷适宜生长温度为 20～30 ℃，根茎在早春 5～6 ℃时开始萌发，在冬季－30～－20 ℃ 地区可安全越冬（姜殿勤等，2008）。薄荷为多年生直立草本，高 10～100 cm，节生，直立或匍匐地面。叶对生，叶片长圆状披针形或椭圆形，两面沿叶脉密生微毛，具有腺点；叶缘基部以上具有整齐或不整齐扁尖锯齿。花顶生，开紫色、白色和粉红色的花穗。茎方形，密生白色茸毛。花冠呈淡红紫色、稀白色，轮生于茎上部叶腋内。花序为轮伞状，花萼呈钟形；花期 6—10 月，果期 8—10 月（于清跃等，2012）。

　　薄荷地下部分包括根茎和根。根茎发生于薄荷的茎基部，茎细长、白色，入土很浅，大部分集中在表层 15 cm 范围内。根茎没有休眠，但可宿存越冬，一年四季均能发芽长成植株。地上部有直立茎、匍匐茎，直立茎绿色，高 30~80 cm，有时达 100 cm，有芳香。薄荷的再生能力较强，其地上茎叶收割后，又能从叶腋中抽出新的枝叶，并开花结实。

薄荷属长日照植物，在长日照条件下发育快、易开花。喜阳光充足，阳光充足时叶片单位面积油腺越多，有利于提高含油量。喜温暖湿润气候，生长初期和中期降雨有利于植株生长，但不耐涝，较耐热，气温 30 ℃ 以上时也能正常生长。适应性强，在海拔 300~2 000 m 的地区均可种植，但在海拔 300~1 000 m 地区种植的植株含油量和薄荷醇含量更高；薄荷对土壤要求不严，但以 pH 6.0~7.5 的沙壤土、壤土和腐殖质土为宜（柴鑫健，2012；王田利，2020；宋魁等，2009）。

二、应用前景

随着社会的进步和人们生活水平的不断提高，薄荷的用途也日益广泛。近十多年来，加入少量薄荷油的洗发剂、沐浴露、香皂等产品备受人们的青睐，采用薄荷精油进行安神静心、消除疲劳的芳香疗法逐步盛行，特别是薄荷醇及其衍生物、络合物——水杨酸薄荷酯、邻氨基苯甲酸薄荷酯等薄荷系列新物质在日化产品和部分减肥保健品中亦得到广泛的应用。国外最新公布的医药研究成果称产自中国的薄荷油具有独特的

薄荷景墙

抗癌作用。此外，薄荷常作为园林植物用于盆栽花打造景墙。

盆栽薄荷

第二节　新优品种

薄荷种间杂交严重，确切数目难以确定。薄荷品种中使用最多的是亚洲薄荷、留兰香、椒样薄荷，用这几种植物原料蒸馏所得到的精油分别称为薄荷油、留兰香油、椒样薄荷油。薄荷精油是全球香料贸易量最大的品种之一，主要成分薄荷醇是一种重要香料，左旋薄荷醇由于其清凉效果，大量用于香烟、化妆品、牙膏、食品和药物中（薄荷醇可促进药物的透皮吸收）（周露等，2012；陈军，2011）。

1. 薄荷

【别名】水薄荷、野薄荷、南薄荷等。

【特性】株高 30～60 cm。叶片长圆状披针形、披针形、椭圆形或卵状披针形。轮伞花序腋生，花冠淡紫色。小坚果卵珠形，黄褐色。

【花期】花期 7—9 月，果期 10 月。

【香味】具有浓烈的清香味。

【分布】在中国南北方、热带亚洲、俄罗斯远东地区、朝鲜、日本及北美洲均有分布，常长在水边湿地。

【应用】植株幼嫩茎尖可作为菜肴，地上部分干燥后可以入药，是我国传统的中药材之一，作为中药可用于治疗感冒发热喉痛、头痛、目赤痛等症。薄荷用途很广，可用于医药、食品、化妆品、香料、烟草行业等。

薄 荷

2. 东北薄荷

【特性】株高 50～100 cm。叶片椭圆状披针形。轮伞花序腋生，花冠淡紫色或紫红色。小坚果长圆形，黄褐色。

【花期】花期 7—8 月，果期 9 月。

【分布】分布在中国黑龙江、吉林、辽宁、内蒙古，俄罗斯远东地区和日本北部也有分布，生长在海拔 170～1 100 m 河边、湖畔、潮湿草地。

【应用】新鲜薄荷可用于作调料以去除鱼及羊肉腥膻味，或搭配水果及甜点用以提味，也可做成收敛水净化肌肤。

3. 兴安薄荷

【特性】株高 30～60 cm。叶片卵形或长圆形。轮伞花序，花冠浅红或粉紫色。

【花期】7—8 月。

【香味】挥发油中主要成分为胡椒酮。

【分布】分布在中国内蒙古东北部、黑龙江、吉林，俄罗斯远东地区和日本北部也有分布，生长在海拔 650 m 草甸。

【应用】入药。

4. 假薄荷

【别名】香薷草。

【特性】株高 30～120 cm。根茎斜行，节上生根，全株长有短茸毛，具有臭味。叶片长圆形、椭圆形或长圆状披针形。轮伞花序在茎及分枝的顶端集合组成圆柱形先端锐尖的穗状花序，花冠紫红色。小坚果褐色，卵珠形，顶端有疏柔毛。

【花期】花期 7—8 月，果期 8—10 月。

【分布】产于中国新疆、西藏及四川西北部，俄罗斯和伊朗也有分布，生长在海拔 50～3 000 m 河岸、潮湿沟谷、田间及荒地，常成片生长。

5. 灰薄荷

【特性】株高 40～80 cm。根茎斜行，节上生根。植株全体密被灰白茸毛。叶片椭圆形或长圆形。轮伞花序在茎及分枝的顶端集合组成圆柱形先端锐尖的穗状花序。

【花期】7—8 月。

【分布】产于中国新疆，俄罗斯和伊朗也有分布，常生长在河岸。

灰薄荷

6. 欧薄荷

【特性】株高达 100 cm。根茎匍匐，节上生根，具有地下枝。叶无柄或下部叶有短柄，叶片卵圆形至长圆披针形或披针形。轮伞花序在茎及分枝的顶端集合组成圆柱形先端锐尖的穗状花序，花冠淡紫色。

【花期】7—9 月。

【香味】花序及叶的出油率为 0.23%～1.10%，油的主要成分为胡薄荷醇（约含 41%）、薄荷醇及薄荷酮。

【分布】原产于欧洲，我国上海及南京等有栽培，欧洲各地将其作为芳香及药用植物广为栽培。

7. 椒样薄荷

【特性】株高 30～100 cm。叶片披针形至卵状披针形。轮伞花序在茎及分枝的顶端集合组成圆柱形先端锐尖的穗状花序，花萼管紫色，花冠白色，裂片具有粉红晕。小坚果倒卵形，褐色，顶端具腺点。

【花期】花期 7 月，果期 8 月。

【分布】原产于欧洲，埃及、印度及南美洲、北美洲有引进，我国南京、北京有栽培。

【应用】椒样薄荷被广泛用在食品、化妆品和医药行业。其植株全株含芳香油，油含薄荷醇 38%～65%。

欧薄荷　　　　　　　　　　　椒样薄荷

8. 柠檬留兰香

【特性】株高 30～60 cm。中部叶宽卵圆形或椭圆形，上部茎叶常细小，近于披针形，先端锐尖。轮伞花序在茎及分枝的顶端密集成穗状花序。花冠淡紫色。

【花期】7—8 月。

【分布】原产于欧洲，我国北京、南京、杭州等地有栽培。

9. 留兰香

【别名】绿薄荷、香花菜、香薄荷等。

【特性】株高 40～130 cm。茎无毛，绿色，钝四棱形。叶无柄，卵状长圆形或长圆披针形。轮伞花序生于茎及分枝顶端，为长 4～10 cm、间断但向上密集的圆柱形穗状花序。花萼钟形，花冠淡紫色。

【花期】7—9 月。

【香味】植株含芳香油，含油率 0.6％～0.7％，其油称留兰香油或绿薄荷油，主要成分为香旱芹子油萜酮（含量为 60％～65％），此外也有柠檬烃、水芹香油烃等。

留兰香

【分布】原产于南欧、加那利群岛、马德拉群岛及俄罗斯，我国河北、江苏、浙江、广东、广西、四川、贵州、云南等地有栽培或野生，新疆有野生。

【应用】主要用于糖果、牙膏，也可用于医药。

10. 皱叶留兰香

【特性】株高 30～60 cm。茎钝四棱形，常带紫色，无毛。叶无柄，卵形或卵状披针形。轮伞花序在茎及分枝顶端密集成穗状花序，花萼钟形，花冠淡紫色。小坚果卵珠状三棱形，茶褐色，基部淡褐色，略具腺点，顶端圆。

【分布】原产于欧洲，在欧洲广为栽培，我国北京、上海、南京、杭州及昆明等地有栽培。

【应用】嫩枝和叶常作香料食用。

皱叶留兰香

11. 圆叶薄荷

【特性】株高 30～80 cm，有地下及地上不结实枝。茎钝四棱形。叶通常无柄，圆形、卵形或长圆状卵形，边缘具圆齿或圆齿状锯齿。轮伞花序在茎及分枝顶端密集成穗状花序，花冠白色、淡紫色、淡蓝色或紫色。

【分布】原产于中欧，我国北京、南京、上海、云南均有引种栽培。

【应用】喜光线充足、湿润的环境，具有一定的耐寒性，用在园林上可作为花境材料或地被，盆栽观赏效果也不错。

圆叶薄荷

12. 唇萼薄荷

【特性】地下枝有鳞叶，节上生根。株高 15～50 cm，茎钝四棱形，常呈红紫色。茎叶有短柄，叶片卵圆形或卵形。轮伞花序多花，花萼管状，花冠鲜玫瑰红色、紫色或偶有白色。

【花期】9 月。

【分布】原产于中欧及西亚，我国北京、南京等地有引种栽培。

【应用】具有发达的匍匐茎，喜阳，耐干旱，能驱蚂蚁、跳蚤和蚊子，作为屋顶草坪植物时外观平整、四季常绿、景观效果好。

唇萼薄荷

13. 亚洲薄荷

【香味】气味闻起来比较柔和，具有清凉的特殊的薄荷香气，有一点点甜香，稍微类似水果香味。

【分布】产区主要在安徽、江苏、河南等地。

【应用】用亚洲薄荷提取的薄荷油是全球香料贸易的大宗品种，我国栽培的亚洲薄荷，其精油中游离薄荷醇含量较高。

14. 苹果薄荷

【别名】毛茸薄荷、香薄荷。

【特性】株高 40～100 cm。茎直立，上部多分枝。叶对生，无柄，长椭圆形至近卵形，长 3～5 cm、宽 2～4 cm。叶片正反面有少量茸毛，边缘为锯齿状。轮伞花序，多轮密集于枝端成穗状。

【香味】苹果香气。

苹果薄荷

15. 巧克力薄荷

【特性】株高 20～40 cm。茎紫绿色，无毛。叶暗绿色，卵状披针形，先端渐尖，叶脉紫绿色，叶面光滑，叶柄长且被毛。花淡紫色，轮伞花序顶生。

【香味】具浓烈的腥臭味。

巧克力薄荷

16. 其他品种

近年来上海交通大学从国外引进了几个薄荷品种，如金钱薄荷、美国薄荷、苏格兰留兰香、薰衣草薄荷、菠萝薄荷、葡萄柚薄荷、澳大利亚薄荷、凤梨薄荷、科西嘉薄荷、罗马薄荷、普列薄荷、日本薄荷、糖果薄荷、巴西薄荷等，其中一些含有较特别的化学成分，如薰衣草薄荷主要含芳樟醇、乙酸芳樟醇，菠萝薄荷主要含氧化胡椒烯酮等（周露等，2012）。

美国薄荷

澳大利亚薄荷

金钱薄荷

日本薄荷

糖果薄荷

苏格兰薄荷

罗马薄荷

科西嘉薄荷

第三节 高效栽培技术

一、种苗繁殖

薄荷繁殖方法较多，有根茎、秧苗、扦插、种子繁殖等。可根据当地实际情况，选择合适的繁殖方法（王田利，2020）。

（一）根茎繁殖

薄荷在春、秋季都可种植。春季未萌发前或秋末割去地上部分后，将根茎挖出，选肥大、白嫩的根茎，截成长 6 cm 左右的小段，开沟种植，沟深 9 cm 左右，行距 30 cm，株距 15～18 cm。栽后覆土，稍压实，浇水。

（二）秧苗繁殖

选生长良好、品种纯正、无病虫害的秧苗作种苗。秋季收割后，立即中耕除草和追肥 1 次。第 2 年苗高 12～15 cm 时移栽，定植于前茬作物中间，株距 15 cm 左右；也可定植于空地，行株距以 24 cm×18 cm 为宜。挖穴栽植，栽深 6～8 cm，每穴栽 1～2 株苗。栽后覆土、压实，成活后割去地上部分，让其萌发更多的地上茎。

（三）扦插繁殖

第 1 次收割的茎叶切成长 18 cm 左右的段作为插条。保证每段有 3 个芽，定植时地上部留 1～2 节，栽培行株距及管理参照秧苗繁殖法。

（四）种子繁殖

清明节前后作阳畦，畦内土壤由沙壤土、熟粪土、细沙按 1∶1∶1 的比例配成。播前浇透水，再把种子均匀撒入，然后用细铁筛筛下细沙覆盖种子，用塑料薄膜罩住。5～20 d 即可出苗。出苗后，当中午阳光过强时，打开薄膜透气，同时拔除畦内杂草；当土壤过干时，用细嘴喷壶喷浇。在苗高约 6 cm 时，选择阴天或晴天的下午，移栽大田，栽后浇水。栽培行株距同秧苗繁殖法。

扦插繁殖　　　　　　　　　　　　　　扦插苗

二、栽培管理

（一）选地

选择疏松肥沃、地势平坦和排灌方便的土地，阳光充足、富含有机质和 pH 6.0～7.5 的沙质壤土对薄荷的生长最好。

（二）播种或移栽

薄荷种植主要采用根茎繁殖和秧苗繁殖法，一般大田以育苗移栽为主，栽后要及时浇水。根茎繁殖法在秋末冬初或春天薄荷刚发芽时，从种苗田挖出根茎栽植于另一块田，随取随播。具体方法为将地下根茎切成 15 cm 茎段，行距 5～70 cm，株距 15 cm，开沟条播，覆土 7 cm 厚。秧苗繁殖法的薄荷苗取自苗床或大田，一般苗高 12～15 cm 时带土移栽，在春、秋季均可进行薄荷的秧苗繁殖。

（三）促控结合

苗期土壤应保持一定水分，适当控制植株生长；中期应该促多发分枝，采用基肥与追肥结合，并浇水。当田间 60% 以上植株产生第 1 次分枝时每亩可施入尿素 5～6 kg，施后人工扫落沾在心叶上的化肥颗粒，防烧心叶。对于封行过早、生长过旺的田块，为防后期生长过密而导致倒伏，需控制旺长。化控结合根外追肥、防治病虫害。从出苗至收割一般浇水 4～5 次，在收割前 10～15 d 停水，此时要求土壤干而不旱。

（四）中耕除草

杂草与薄荷争光、争肥，造成通风不良，影响产量和质量。消除田间头茬杂草以人工除草为主，可结合松土进行，从出苗到封行，保证田间无杂草，人工除草 3～4 次。2 年生苗由于生长不规则，人工锄草困难，可采用化学除草与人工拔除大草相结合。收割前人工拔除田间大草 1～2 次。收割后再进行 1 次中耕松土，以切断部分根茎，防止植株过密。

（五）追肥

结合中耕进行。将肥料均匀撒施田间，然后中耕埋压。可追施氮磷钾三元复合肥，按苗大小，每亩每次施肥 7～10 kg。

（六）摘心

是否摘心应因地制宜。摘心以摘掉顶端两对幼叶为宜。一般宜在 5 月晴天中午进行，此时伤口易愈合，摘心后应及时追肥，促进新芽萌发。一般密度较大的单种薄荷以不摘心为好，而密度小时或套种薄荷长势较弱时需摘心，以促进侧枝生长，增加密度。

（七）排水灌溉

多雨季节应及时清理排水沟，排出积水，以免影响植株正常生长；天气干旱时，应及时灌溉，灌水时必须防止田间积水，夏季以早晚或夜间灌溉为宜，通常灌水与追肥结合进行。

三、病虫害防控

薄荷生产中最常见的病虫害有锈病、斑枯病、小地老虎、蚜虫、红蜘蛛等，生产中可根据发生情况适时喷药防治。

薄荷锈病危害叶和茎，连续阴雨或过于干旱时易发病，可在发病初期选用 20％三唑酮可湿性粉剂 1 000～1 500 倍液、30％碱式硫酸铜

300～400 倍液、97％敌锈钠可湿性粉剂 250 倍液或 50％甲基硫菌灵可湿性粉剂600～800 倍液喷洒防治。薄荷斑枯病危害叶部，发病初期及时摘除病叶烧毁可控制该病蔓延，药物防治用 70％代森锰锌或 75％百菌清 500～700 倍液喷雾。

小地老虎危害幼苗，用氰戊·杀螟松乳油 2 000～3 000 倍液喷洒根际。蚜虫可选用 3％啶虫脒乳油 2 500～3 000 倍液、10％吡虫啉 1 500 倍液等喷洒防治。红蜘蛛可选用 1.8％阿维菌素乳油 4 000～5 000 倍液、73％炔螨特乳油 2 000～4 000 倍液、25％哒螨灵 600～800 倍液喷洒防治（柴鑫健，2012；王田利，2020）。

四、采收与加工

（一）采收

薄荷如生长得好，一年可收两次，第 1 次在夏季，第 2 次在秋季。待叶片肥厚、散发出浓郁的薄荷香气时便可收割。收割宜在晴天上午进行，用镰刀齐地割下茎叶部分，收割的茎叶立即摊开阴干，捆成小把，供药用。

薄荷油在植株体内的含量与生育期、品种、种植密度、叶片多少以及大小有关。不同气象因素，如阳光、温度和水分等，甚至同一天的不同时间也影响着植株体内的薄荷油含量，适时收割是薄荷油丰产的一个重要环节。

植株开花前叶片含油量最高，开花后含油量迅速下降；精油中薄荷醇含量在开花末期最高；酯含量在花蕾形成时较高，开花时下降，开花后又增高。所以，薄荷要在主茎 10％～30％花蕾开花时收获，在盛花期收割完毕，若在临近收割期发生倒伏，可适当提前收割，避免烂叶病蔓延造成损失。宜在晴天的12：00—14：00 进行收割，此时精油产量高，而且品质优。

收割时应先收 2 年生植株，再收秋植薄荷，最后收春植薄荷。薄荷收割时应密切注意天气变化，遵守大风下雨不割、露水不干不割、阳光不足不割、地面过湿不割、含油量不足不割的原则；收割时要做到割净、收净、扫净。薄荷油具有挥发性，有较高的折光率，大多具有光学活性、含有多萜成分、易氧化，在贮存过程中，需考虑贮存条件如场地、温度、药材包装方法的影响（柴鑫健，2012；丁雪梅，2015；冯永进，2012）。

（二）加工

从薄荷中提取挥发油的方法有水蒸气蒸馏（SD）法和超临界 CO_2 萃取（SCDE）法（冯永进，2012）。

SD 法：取粉碎好的薄荷干样置于挥发油提取器中，加 5 倍的水，按《中国药典》（2000 年版）附录 XD 挥发油测定法提取挥发油。

SCDE 法：取薄荷干样装入萃取釜。在萃取压力 10 MPa、萃取温度 50 ℃、CO_2 流量为 20 L/h 的条件下萃取 1.5 h，收集薄荷油。

Chapter 5 第五章
罗勒新优品种高效栽培技术

第一节 概　述

一、生物学特性和生长习性

罗勒（*Ocimum basilicum* L.）别名九层塔、洋紫苏、香草等，为唇形科（Labiatae）罗勒属（*Ocimum* L.）一年生草本植物，早在希腊、罗马时代就被誉为"香草之王"（任全进，2004）。罗勒属植物广泛分布于亚洲、非洲及中南美洲，其多样性中心在非洲。

罗勒全株被稀疏柔毛，株高 30～100 cm。茎四棱形，多分枝。叶对生，卵圆形。花分层轮生，每层有苞叶 2 枚，花 6 朵，形成轮伞花序；每个花茎一般有轮伞花序 6～10 层；花萼筒状，宿萼，花冠唇形，白色、淡紫色或紫色；雌蕊 4 枚，柱头 1 枚，每朵花能形成小坚果 4 枚，坚果黑褐色，椭圆形。种子千粒重 1.25～2.00 g。

罗勒喜温暖潮湿气候，耐热不耐寒、耐阴不耐渍、耐瘠薄，以土层厚、排水良好、肥沃的沙质壤土或腐殖质壤土种植为宜。罗勒在炎热、干燥的环境下生长得最好。适应性广，对温度、光照、水分、土壤要求不严，南北方大多数地域均可正常生长。播种至开花需 45～50 d，开花至种子成熟约需 25 d。适宜发芽温度为 20～25 ℃，0～38 ℃可正常生长，在 0 ℃以下即结冰枯死。同一株上，主茎花先开，一级分枝、二级分枝的花依次开放；同一花穗上，下部花先开，上部花后开。花期通常

7—9月，果期9—12月。

二、应用前景

罗勒是一种药食两用的芳香植物，应用前景广泛。以下分述其在各领域的应用。

1. 医药领域的应用

罗勒在医学上应用历史悠久，可治疗打嗝、胀气、感冒头痛、咳嗽发热、中暑、月经不调、胸痛及皮肤湿疹等疾病，具有活血、安神、解毒、消肿等功效。罗勒叶能有效清除自由基，具有抗氧化作用。在夏季，罗勒是一种非常好的保健食品，罗勒中提取的挥发油和多糖具有抑菌作用，可有效预防消化道疾病（方茹等，2007）。适合医药领域应用的品种有密生罗勒、甜罗勒。

2. 食品领域的应用

罗勒的嫩茎叶营养非常丰富，含有多种维生素及矿物质。其在食品方面的应用主要可分为3大部分：食用、饮用和调味料。罗勒的叶非常嫩，可食用，有增进食欲、促进消化的功能。罗勒叶凉拌、油炸、生炒均可。罗勒叶也可以泡茶，有驱除风寒、健胃及发汗作用。罗勒常被用作调味料，最常见的有粉剂调味料和精油调味料。将罗勒干叶磨成粉状可直接用于食物调味，在我国应用很少，但在西方应用极为广泛，如与香肠、比萨、沙拉和意大利面等搭配。另外，罗勒精油常用作糖果、果冻、烘烤食品的调味。适合食品领域应用的品种有桂皮罗勒、莴苣罗勒、丁香罗勒。

3. 绿化领域的应用

罗勒形态多样、品种繁多，叶形、花色变化丰富，具有香味，可作为观花、观叶的芳香植物。例如，密生罗勒能够形成大量的枝条，整个植株十分繁密，是极佳的绿色草本园艺植物；簇生的绿罗勒，整个植株贴地面生长，花数量很大，形成很小的花簇，花色由玫瑰色至白色，可作为庭院的园艺观赏植物或是花坛的配置植物。

4. 化工领域的应用

由于罗勒具有轻甜的香味，有提调香气的作用。其制作成的精油香气持久，对干燥缺水及老化粗糙、有皱纹的皮肤有滋润作用，在化妆品行业很受欢迎，可调制成各种化妆品及皂用高级香精。而且罗勒具有抗菌消炎作用，在美容业也有较大的发展空间。罗勒特有的香气还有驱虫的功效，可制成防虫剂或农药用于病虫害防治。开发罗勒种子为主要原料的饲料添加剂应用于畜牧养殖业能够促进牲畜的发育，减少疾病和污染。适合化工领域应用的品种有绿罗勒、大叶罗勒、柠檬罗勒（赵伟玉等，2018）。

第二节　主要类型与新优品种

一、主要类型

1. 泰国型罗勒

泰国型罗勒实际上包含植物学上的几个种，主要有2种，即罗勒和圣罗勒。泰国罗勒用作蔬菜或调味配菜，可鲜食、做咖喱饭或做汤。叶卵圆形，先端尖，绿色或紫色。泰国圣罗勒用作鱼、牛肉、鸡的佐料。印度人很少食用圣罗勒，主要将其用作祭祀品。叶片绿紫色，卵圆形，叶上有毛，叶缘具齿，叶有香辣味，基部木质化；花白色或粉红色，具有浓烈的樟脑芳香。

2. 地中海型罗勒

亦称法国罗勒或欧洲罗勒，在西方国家普遍种植。意大利和其他地中海国家栽培的普通罗勒常被称为甜罗勒。实际上，泰国型罗勒较之具有更明显的甜味。

3. 树罗勒

别名东南亚树罗勒，实际是植物学上的丁香罗勒，分布于非洲和亚洲热带地区，野生。具明显的丁香气味，辣味亦更强；叶片大，披短茸毛。

4. 多年生罗勒

包括非洲种和亚洲种，实际是植物学上的乞力马扎罗罗勒和灰罗勒。近年引入欧洲，香味浓烈，但不甚怡人。非洲种和亚洲种多年生罗勒与地中海型罗勒的杂交品种，如非洲蓝罗勒、紫罗勒具新颖风味。

此外还有桂皮罗勒、樟脑罗勒、茴芹罗勒、墨西哥香味罗勒等（敖元秀等，2020）。

我国罗勒品种可以分为两类，一类为我国地方品种，如安徽、河南、湖北等省部分地区种植的一些地方品种；另一类为国外引进品种，泰国型罗勒和地中海型罗勒均有部分引进，如斑叶罗勒、丁香罗勒、矮生罗勒、紫红罗勒、绿罗勒、密生罗勒、俄罗斯宽叶罗勒、俄罗斯红叶罗勒、德国罗勒等。不过，我国民间仍以地方品种为主（敖元秀等，2020）。

二、新优品种

随着罗勒属植物的市场需求不断增加，海南大学进行了罗勒种质资源引种栽培、鉴定与综合评价，收集到 35 份不同种或品种的罗勒种质资源，对 17 份罗勒品种的植物学性状进行了详细描述（张玄兵，2013），并列出了分类检索表，这为罗勒栽培资源的田间鉴定提供了依据，也为罗勒的栽培和推广应用奠定了基础。15 份罗勒种质资源的植物学性状描述如下。

1. 绿罗勒

植株绿色，比较适合种植在花盆中，因其鲜嫩、明快的翠绿色和特殊的芳香气息而受人们欢迎。花多为簇生，数量很大，形成很小的花簇，花玫瑰色至白色。

绿罗勒

2. 莴苣罗勒（*Ocimum basilicum* 'Lettuce'）

植株亮绿色，叶极大且褶皱，长 2.5～2.7 cm，叶卷曲、波状，先端钝尖，叶缘具整齐锯齿，矮生，花密生，花白色，花期比其他品种略晚（周利辉，1998），是观叶性强的草本植物。

莴苣罗勒

3. 紫罗勒（*Ocimum basilicum* 'Purple Ruffles'）

茎叶为深紫色，花淡紫色至白色，香味淡，植株密生，矮小，株高15～20 cm。

紫罗勒

4. 茴香罗勒（*Ocimum basilicum* 'Anise'）

植株暗绿色，茎和叶脉均为紫色，叶卵状披针形，先端渐尖，叶脉紫色，花粉红色，萼片紫色，花茎较长，有茴香的香味。

茴香罗勒

5. 密生罗勒（*Ocimum basilicum* 'Miye'）

植株能够形成大量枝条，十分繁密，外形为一个茂密、翠绿色的圆球状植株体。叶密生，株形圆且紧凑，香味适中，花白色，株高 15～30 cm，是一种极佳的绿色草本园艺植物。

密生罗勒

6. 甜罗勒（*Ocimum basilicum* 'Sweet'）

叶卵圆形，先端尖锐，叶表面有褶皱，具温和香辣的丁香气味。植株矮生，株高 25～30 cm，叶片亮绿色，长 2.5～2.7 cm，花白色，花茎较长，分层较多。

甜罗勒

7. 罗勒（*Ocimum basilicum* L.）

一种药食两用植物。一年生草本，株高 60～70 cm，具有强烈的香味，茎绿色，直立，四棱形，多分枝，密被柔毛。叶暗绿色，互生，有柄，叶卵圆形至卵圆状长圆形，全缘或有疏锯齿，背面有腺点。轮伞花序簇集成间断的顶生总状花序，各部均具微柔毛，苞片细小，披针形，花萼钟形，外被短柔毛，果时花萼宿存，花冠唇形，花白色，花茎较长。小坚果卵形。

罗　勒

8. 暹罗皇后罗勒（*Ocimum basilicum* 'Siam Queen'）

茎高 0.5～1.0 m，叶暗绿色，长 5～12 cm，卵状长圆形，圆锥花序，花粉红色，花期长，可作花境材料。

暹罗皇后罗勒

9. 灌木罗勒 （*Ocimum basilicum* var. *minimum*）

植株矮小紧凑，茎绿色，叶片小且内折，亮绿色，花白色，萼片绿色。

灌木罗勒

10. 柠檬罗勒 （*Ocimum basilicum* var. *citriodorum*）

一年生草本植物，株高 30～60 cm，全株被稀疏柔毛；茎直立，多分枝，钝四棱形；叶对生，卵圆形，略有浅缺刻，暗绿色。花在花茎上分层轮生，每层有苞叶 2 枚，花 6 朵，成轮状花序，花萼钟形，花冠唇形，花淡粉色。有柠檬香气，适应性强。

柠檬罗勒

11. 桂皮罗勒（*Ocimum basilicum* 'Cinnamon'）

有浓重的桂皮香味，株高 45～75 cm，茎紫色，叶暗绿色，花粉红色，生长势强。

桂皮罗勒

12. 丁香罗勒（*Ocimum gratissimum*）

叶绿色，叶脉浅紫色，茎秆为紫色，花为浅紫色。丁香罗勒叶片产油多，生长势强。

丁香罗勒

13. 疏柔毛罗勒（*Ocimum basilicum* var. *pilosum*）

为一年生草本，株高 20～80 cm，茎幼嫩时红色，渐老变为绿色；叶亮绿色，卵形至卵状长圆形，两面近无毛，叶背具腺点；叶柄及花具短柔毛，花淡紫色。植株具香气，可作提取芳香油的原料。

14. 台湾罗勒（*Ocimum tashiroi*）

植株暗绿色；茎绿色，被短柔毛；叶光滑无毛，卵圆形，先端渐尖；花粉红色。

15. 毛叶丁香罗勒（*Ocimum gratissimum* var. *suave*）

直立灌木，高 0.5～1.0 m，有香味；茎、叶柄密被长柔毛；叶卵形至长卵圆形，两面密被平贴长柔毛及金黄色腺点；花黄白色。

第三节　高效栽培技术

一、种苗繁殖

罗勒种苗的繁殖主要有组培繁殖和种子繁殖。

（一）组培繁殖

1. 愈伤组织的诱导

剪取 2～3 cm 幼嫩顶芽或侧芽茎段，于自来水中荡洗 1 次，再用洗衣粉上清液荡洗 1 次，自来水中清洗 4 次，放入干净的烧杯中。在超净工作台上，用 8% 次氯酸钙溶液浸泡 8 min，无菌水荡洗 5 次，再在 0.1% 升汞溶液中浸泡 5 min，无菌水荡洗 6～8 次。将材料修剪成约 1 cm 的茎段，接种于诱导愈伤组织培养基（MS＋4 mg/L 6-BA＋0.1 mg/L NAA，1% 琼指、3% 蔗糖，pH 5.6～5.8）培养。5 d 后茎段基部切口处开始萌动膨大；再经 5 d，材料长出嫩绿色、疏松的愈伤组织，诱导率

95％以上；30 d 后，愈伤组织会长少许气生根。在上述诱导愈伤组织培养基上每隔 20～25 d 继代 1 次，愈伤组织能保持良好的生长状态。培养温度为 23～24 ℃，光照时间为 12 h/d，光照度为 1 000～1 500 lx。

2. 丛生芽的诱导

取生长旺盛的嫩枝顶端（带腋芽）4～5 cm，按照上述方法消毒灭菌后摘除顶芽，并修剪成约 3 cm 的带腋芽茎段，接种于诱导丛生芽及生根培养基（MS＋3 mg/L 6-BA＋0.5 mg/L NAA，1％ 琼指、3％蔗糖，pH 5.6～5.8）培养，10 d 后可长出 4～6 个芽苗。反复切取顶芽和侧芽，在上述诱导丛生芽及生根培养基上进行增殖培养，可保持 4～6 倍的芽增殖率，得到大量带根试管苗。

3. 生根培养

罗勒在离体培养过程中都表现出良好的生根特性，其愈伤组织在 MS＋0.5～2.0 mg/L 6-BA＋0.5 mg/L NAA 培养基上都直接生根。在诱导丛生芽及生根培养基上进行丛芽增殖，芽苗无需更换培养基则可获得健壮、发达的根系，并在距培养基表面 1 cm 左右处的茎段上长出白色气生根。生根率达到 98％。

4. 试管苗的移栽

将带试管苗的培养瓶移至室内散射光处，打开瓶盖 2～3 d，即可完成炼苗过程。移栽时，将小苗取出，用自来水轻轻洗净，保持根系不受损伤，移入用 0.1％甲基硫菌灵喷淋消毒的腐殖土与珍珠岩（3∶1）的基质中。加盖遮光网和塑料薄膜遮光、保温，苗棚控制湿度 80％～90％，温度（25±2）℃，10 d 后逐步揭膜，20 d 后即可移入营养杯栽培。成活率可达到 88％以上（蔡汉权，2005）。

（二）种子繁殖

种子繁殖分为育苗和直播。种子应从健康母株上采集，千粒重较重为好。北方播种时间在 4—5 月，南方在 3—4 月。

育苗时，将干燥种子用 2.5% 咯菌腈消毒，温水浸种或者使用 100 mg/L 的 GA₃ 或 25 mg/L 的 IBA 浸种，可以促进罗勒种子发芽和幼苗

育苗基质　　　　　　　　　种子育苗

罗勒育苗

生长。一般在温室大棚播种，准备有基质的育苗盘并浇透水，每穴播 2~3 粒种子，覆土 1 cm，浇水渗入基质 2~3 cm。播种后控制温度在 20 ℃ 左右，湿度保持在 50%~70%。苗期管理时进行间苗、拔草、病

虫害防治，现蕾后喷叶面肥（0.1%磷酸二氢钾＋0.1%硼砂）。

直播对播种深度、土壤条件等有较高要求，选取有充足光照的土壤，5月上旬播种为好。播种深度要适宜，太深苗细弱，顶土吃力，太浅容易失水干枯。土壤水分要充足但不能有积水。

二、栽培管理

（一）传统栽培

1. 土壤与施肥

定植土壤选择水分充足、排水良好的沙质壤土或腐殖质壤土，可将菜园土与有机肥按照2∶1的比例混合施入土壤，并翻整、镇压，腐熟有机肥施用量一般为 3.00～3.75 kg/m²。

2. 定植与大田管理

罗勒长出4片以上真叶时在大田进行定植。定植前1周翻整土壤，挖间距10～30 cm、深10～20 cm的定植沟，定植沟间距40 cm。定植前给罗勒苗浇1次水，连同基质一同栽入定植沟，浇水宜湿透土壤5～6 cm。晴天无雨情况下定植后3 d左右浇水1次，以渗入土壤4～5 cm为宜，看情况浇水，防止旱涝。罗勒成活后进入大田管理阶段，在晴天进行中耕除草。每7 d浇水1次，以渗入土壤10～15 cm为宜。1个月后根据土壤测试结果追肥。

（二）无土栽培

相比露地栽培，无土栽培只要符合光照、温度、水分等条件就可进行，适合大面积种植，成功率较高。而且无土栽培只需更换营养液，不限制播种收获次数，没有土壤，减少了病虫害。

苗高10 cm左右定植，栽培基质采用泥炭∶蛭石∶珍珠岩为6∶3∶1的比例配制，1 m³基质混合100 g的50%多菌灵可湿性粉剂。生长初期基质保持湿润，缓苗后1周，在蓄水池中配制营养液。营养生长阶段宜用标准浓度的营养液（高氮型），pH 5.5～6.5。

罗勒盆栽根系

三、病虫害防控

防治罗勒虫害主要采用物理方法，即喷水驱逐、手捉、玻璃容器诱杀等。预防病害要靠良好的土地耕作、适时浇水、注意通风、降低种植密度等栽培措施。小面积发生叶枯病时可使用60％代森锰锌可湿性粉剂800倍液喷洒2～3次；根腐病发病初期可用50％甲基硫菌灵可湿性粉剂500倍液喷雾防治，每隔10 d喷1次，连续喷2～3次；预防猝倒病可选取耐真菌性杂交品种。

四、采收与加工

罗勒分枝性强，采用分次收割的方法，收割之后注意追肥促进新枝叶生长。罗勒调香用叶片采收以开花前为宜；作蔬菜食用时，可直接采摘未抽花序的嫩心叶；作为全草药材或精油用途的罗勒要在开花盛期进行收割。花部位精油产量最高但产量少，宜开花期收割作为精油原料；当作观赏植物时，则可以任其生长与开花，多注意整枝即可。

作食用的茎叶采收后阴干或进行人工干燥，干燥温度40 ℃左右，以便保持茎叶原有的色泽和香气。提取精油可用水蒸气蒸馏法（祝丽香，2005）。

Chapter 6 第六章
薰衣草新优品种高效栽培技术

第一节 概 述

一、生物学特性和生长习性

薰衣草（*Lavandula angustifolia*）为唇形科（Labiatae）薰衣草属（*Lavandula* L.）植物，原产于地中海沿岸、欧洲各地及大洋洲列岛，后被广泛栽种于英国及南斯拉夫。现美国的田纳西州，日本的北海道也有大量种植。

薰衣草为多年生半灌木或矮灌木；叶对生，叶片又窄又长，呈灰绿色；茎直立，轮伞花序，花具短梗，密被灰色茸毛，茎细长，成株时其高可达 90 cm。花期在 6—7 月，花紫蓝色，散发淡淡的香味，因其茎、花和叶的茸毛含有油腺，微微触碰便会破裂而释放出淡淡的香味（刘建强等，2006）。

薰衣草具有很强的适应性。成年植株既耐低温，又耐高温，在收获季节能耐 40 ℃左右温度。陕西黄龙地区，薰衣草植株露地安全越冬在 −21 ℃；新疆地区，经埋土处理、积雪覆盖可耐 −37 ℃低温。幼苗可耐受 −10 ℃的低温。薰衣草在翌年生长发育过程中，平均气温在 8 ℃左右，开始萌动需 10~15 d；平均气温在 12~15 ℃，植株枝条开始返青伸长需 20 d；平均气温在 16~18 ℃，开始现蕾需 25~30 d；平均气温 20~22 ℃开花；平均气温 26~32 ℃进入结实期。

薰衣草是一种性喜干燥、需水不多的植物，年降水量在600～800mm比较适合。返青期和现蕾期植株生长较快，需水量多；开花期需水量少；结实期水量要适宜；冬季休眠期要进行冬灌或有积雪覆盖。所以，一年中理想的降水量分布是春季充沛、夏季适量、冬季充足。

薰衣草属长日照植物，生长发育期要求日照充足，全年要求日照时数在2 000 h以上。植株若在阴湿环境中则会发育不良、衰老较快。

薰衣草根系发达，性喜土层深厚、疏松、透气良好而富含硅钙质的肥沃土壤。忌高温，耐旱性强。酸性或碱性强的土壤及黏性重、排水不良或地下水位高的地块都不宜种植。

二、应用前景

薰衣草兼有药用植物和香料植物的属性，其所含香气物质是天然香精、香料的重要组成成分；提取的精油被应用于医药、食品加工、化妆品等行业中。近年来，以薰衣草油为基础调配出来的烟用香精，更丰富了卷烟的香气，提高了卷烟的档次。薰衣草可全株入药，其香气清香宜人、香味浓郁，具有安神助眠、缓和情绪的功效，能缓解痛经及月经前的紧张情绪。因其可促进细胞再生，平衡皮脂分泌，修复灼伤与晒伤、抗感染，改善各种皮肤病症状等而被用于医药行业。薰衣草可用于香枕、香袋中，能驱虫且香味持久；可制作糕点；还适合泡茶。由于薰衣草植物观赏价值高，全株香气迷人，外形典雅美观，作为观赏植物在公园草坪等地栽种可以美化环境，还可以作为家庭装饰放置室内，使人身心放松。

第二节　新优品种

薰衣草为唇形科薰衣草属多年生植物，原产于地中海沿岸等，目前全世界有37个种100多个品种，是一类集观赏、食用和药用为一体的都市型农业种植香料植物。主要的新优品种介绍如下。

1. 薰衣草（*Lavandula angustifolia*）

【特性】半灌木或矮灌木，分枝被星状茸毛，在幼嫩部分较密；老枝灰褐色或暗褐色，皮层条状剥落，具有长的花枝及短的更新枝。叶线形或披针状线形；在花枝上的叶较大，疏离，被密的或疏的灰色星状茸毛，干时灰白色或橄榄绿色；在更新枝上的叶小，簇生，密被灰白色星状茸毛，干时灰白色；均先端钝，基部渐狭成极短柄，全缘，边缘外卷。轮伞花序通常具6～10朵花，多数，在枝顶聚集成间断或近连续的穗状花序，密被星状茸毛；苞片菱状卵圆形，先端渐尖成钻状，具5～7条脉，干时常带锈色，被星状茸毛；花具短梗，蓝色。花萼卵管状或近管状，长4～5 mm。

【花期】6月。

【品种】主要有维琴察、莱文丝、希德、迷你蓝、女士、蓝河、德兰、优雅冰雪、优雅紫色、优雅雪白、优雅天蓝色、优雅粉色等。

优雅冰雪

优雅紫色

优雅雪白

优雅天蓝色

优雅粉色

2. 宽叶薰衣草（*Lavandula latifolia*）

【特性】半灌木，分枝四棱形，具槽，密被短的星状茸毛，在幼嫩部分特别密，具极长的节间。叶在基部丛生，在较上部极稀疏，狭披针形或线状披针形及线形，先端钝或近急尖，基部渐狭成柄，全缘，边缘外卷，干时带灰白色或暗褐色，两面均被极小而密的星状茸毛。轮伞花序具 4～6 朵花，疏松，由 7～8 轮组成顶生而间断的穗状花序，穗状花序长15～25 cm，具有 17～35 cm 长的总梗，密被星状茸毛；苞片线状，与花冠近等长，小苞片线状，比花萼短，均被短的星状茸毛。花萼管状，直立。花冠长 1.0～1.1 cm，外面被毛同花萼，内面被腺毛，冠筒具毛环，外伸，在基部缩小，向上渐增大，在萼喉部处又稍缩小后再增大，冠檐二唇形，上唇直伸，2 裂，裂片近成直角叉开，卵圆形，先端钝，下唇开展，3 裂，裂片近圆形。

【花期】6—7 月。

3. 甜薰衣草

【特性】株高 20～70 cm，一般花呈紫色，花柄较长，其香味淡而清澈。

【花期】4—8 月。

甜薰衣草

4. 齿叶薰衣草（*Lavandula dentata*）

【特性】多年生中型直立灌木，长势较快，株高可达 1 m，株幅可达 1 m；叶多，绿色，茎短且纤细，丛生，全草味道芬芳；叶灰绿色，线形至披针形，有齿裂，叶背有白色茸毛，叶缘有规则的圆锯齿；花穗少，短，淡紫色，花期长，花两性，管状小花较细小，雄蕊 4 枚，每层轮生的小花彼此间较不紧密，最顶端没有小花，只有和花色一样的苞叶，不明显。上苞叶唇形，小，淡紫色；花带樟脑的香气。

【花期】3—10 月。

【应用】为观赏类薰衣草，主要作为庭院观赏植物，半耐寒，较耐热品种。开芳香的浅紫色花，叶缘具细齿，类似羊齿植物叶片。用于香枕、香袋中，能驱虫且香味持久；可萃取质量良好的精油；泡澡使用有镇定与舒缓神经的功效；可制作糕点。除供观赏外，可用于环境绿化，还适合泡茶。

齿叶薰衣草

第三节　高效栽培技术

一、种苗繁殖

薰衣草的繁殖方法有播种繁殖（种子繁殖）、扦插繁殖、分株繁殖等，主要采用扦插和播种。

薰衣草采用穴盘播种或苗床扦插。播种穴盘以 72 孔为主，基质采用珍珠岩：草炭＝（1～2）：1的体积比混匀。扦插苗床应整平土地，畦面宽1.0～1.2 m，高15～20 cm，畦面四边以砖块码放为界，也可采用穴盘扦插。扦插基质需采用疏松透气的土壤或基质，基质采用珍珠岩：草炭＝（1～2）：1的体积比混匀，土壤用粗沙：泥炭土＝1：1的体积比混匀，将基质平铺在苗床或穴盘内，用稀释800～1 200倍液的杀菌剂喷洒基质。

1. 种子繁殖

春、夏、秋播种均可，温暖地区可在每年的3—6月或9—11月进行，寒冷地区宜4—6月播种，在温室冬季也可播种。发芽天数为14～21 d，发芽适温为18～24 ℃。发芽后需适当光照，弱光照易徒长。种子因有较长的休眠期，播种前应浸种12 h，然后用20～50 mg/L赤霉素浸种2 h再播种。苗盘装土后应浇透水，然后再将处理好的种子均匀播在上面，并覆一层约0.2 cm厚的细土，最后在苗床上搭建塑料薄膜拱棚。保持15～25 ℃，要求苗床湿润，约10 d即出苗。如果不用赤霉素处理则要1个月才能发芽。低于15 ℃需1～3个月发芽。苗期注意喷水，当苗过密时可适当间苗，待苗高10 cm左右时可移栽。

2. 扦插繁殖

（1）扦插时间。扦插应在1—4月或8—11月进行。

（2）插穗。插条应选择发育健壮的1年生半木质化枝条。在顶端8～10 cm处截取插穗。插穗的切口应靠近茎节处，力求平滑，勿使韧皮部破裂。将底部2节的叶片去除。

（3）扦插方法。将枝条基部的叶片去除，速蘸400～600 mg/L吲哚丁酸后插于基质中，扦插深度为3 cm左右。苗床扦插株行距为5 cm×5 cm。扦插后浇水，并遮盖小拱棚和50%遮阳网。

（4）扦插苗的管理。保持适当的湿度，控制水分，提高地温，当拱棚内气温高于30 ℃和空气相对湿度在90%以上时，需揭开小拱棚散热通风，以防止扦插苗腐烂；勤修剪延伸枝和及时摘除花穗。当扦插苗达到10～15 cm 时，便可定植。

（5）扦插繁殖种苗出圃标准。苗高 10 cm 以上，根系完整，植株健壮无病虫害。

薰衣草扦插

3. 分株繁殖

春、秋季均可进行，用3～4 年生植株，在春季 3—4 月用成株老根分割，每枝带芽眼。

二、栽培管理

（一）选地

选择土层深厚、肥力中等、排灌良好、有机质丰富的沙壤土或壤土种植，土壤 pH 6.0～7.5。

（二）整地

施足基肥，每亩施腐熟的有机肥 500 kg、磷酸氢二铵 15 kg、氮肥

10 kg、钾肥 5 kg，充分混合后在整地前撒入并犁地。翻地深度 25～30 cm。畦面宽 100～120 cm，畦高 40～50 cm，沟宽 30～40 cm，畦面和沟宽可根据地块大小稍作调整。

（三）定植

1. 定植时间

定植可在 2—4 月和 9—11 月进行，以秋季定植最好。

2. 定植密度

采用 60 cm×60 cm 的株行距定植，第 3 年隔行移去 1 行。

3. 定植方法

选择穴植或开沟种植，种植穴（或种植沟）的深度视苗大小而定，以略大于植株根系为宜。在定植前用 50% 多菌灵可湿性粉剂 500 倍液或 50% 甲基硫菌灵可湿性粉剂 700～800 倍液浸泡根部 2 min 后定植。

薰衣草定植

（四）田间管理

1. 中耕除草

一年中耕 3~4 次。生长前期宜浅耕，生长中后期适当加深。人工防除杂草。

2. 灌溉

采用滴灌带灌溉，宜在早晨或傍晚进行，每次浇水 40~60 min，当土壤含水量低于 50% 时，应及时补水。缓苗期及花期前后应及时浇水，保持土壤含水量在 60%~70%，其他时期土壤含水量不低于 50%。在植株定植至成活及植株生长过程中的现蕾、抽穗至初花期应及时浇水，不能受旱。

3. 施肥

不同生长时期施肥方法见下表。

不同生长时期施肥方法

施肥方法	施肥期	施肥量
穴 施	薰衣草在移栽时除了大田施用基肥以外，还能进行穴坑施肥	定植时，应按规定的株行距挖穴，一般挖深 40 cm、长 60 cm、宽 50 cm 的定植穴，每坑施入 300 g 腐熟有机肥（最好是牛粪、鸡粪和油渣）加 10 g 过磷酸钙作基肥，与土充分混匀
追 施	萌芽期（萌动发芽生长期）	2 月在花芽萌动前，每亩施用充分腐熟的有机肥 500 kg、过磷酸钙 10 kg、尿素 10 kg、钾肥 5 kg，距苗侧 10 cm 处施入，施肥深度 8~10 cm
	现蕾初期（花蕾刚萌发时）	4 月中旬，每亩追施尿素 8 kg、过磷酸钙 10 kg
	收花后施抽条肥	7 月下旬至 8 月上旬，每亩追施尿素 5 kg、过磷酸钙 10 kg、钾肥 5 kg
	秋末（进入越冬期）	每亩施 500 kg 充分腐熟的有机肥

（续）

施肥方法	施肥期	施肥量
叶面施	返青期、现蕾初期、开花前期、收花前、收花后、秋条成熟前	每年喷施 4～6 次，每亩施磷酸二氢钾 0.2 kg

4. 整形修剪

种苗长到 5～8 cm 时摘心。花期过后及时修剪。秋季应剪除干枯枝、病虫枝、瘦弱枝、衰老枝，将植株修剪成半球形。短截营养枝，促发新生枝。

薰衣草、甜薰衣草、西班牙薰衣草的种植情况见下图。

薰衣草种植情况

甜薰衣草种植情况

西班牙薰衣草种植情况

三、病虫害防控

薰衣草主要病虫害及综合防控措施见下表。

主要病虫害及防治方法

病虫害名称	危害症状	调控措施	化学防治
根腐病	1. 春季植株返青后陆续干枯死亡，剖检病株根部可见维管束大量坏死 2. 感病株春季可见正常返青，现蕾至开花初期花束出现萎蔫，逐渐开始不断落花直至全部脱落 3. 秋季部分枝条仍能正常萌发新芽，但植株根茎部也可见维管束大量坏死	1. 选取地势平坦、排灌良好的壤土田块种植 2. 种苗须采集无病田枝条留种 3. 栽植时起垄要高，采用滴灌 4. 施用充分腐熟的有机肥；秋后剪去枯死的老枝、病枝，修剪幅度不宜过大	用70%甲基硫菌灵可湿性粉剂400～600倍液或50%多菌灵可湿性粉剂500～800倍液进行灌根或叶面喷施

113

病虫害名称	危害症状	调控措施	化学防治
叶螨	1. 危害薰衣草的叶，刺吸汁液，使叶片失绿，出现枯萎干黄的锈斑 2. 导致薰衣草无法正常开花抽穗	1. 入冬前将枯枝落叶集中烧毁 2. 早春和冬前清除田埂、沟边、路旁的杂草，破坏叶螨的生存场所 3. 合理轮作 4. 在薰衣草的不同生育期科学施肥，促进薰衣草健壮生长 5. 加强水肥管理，叶螨危害高峰期为7—8月，其间应适时滴灌，调节农田小气候，可有效抑制叶螨的危害	1. 初期用0.26％苦参碱1 000倍液均匀喷施 2. 大面积发生时，用1.8％阿维菌素乳油3 000～4 000倍液均匀喷雾，能有效减少叶螨的虫口基数，防治效果较好
沫蝉	1. 以若虫吸取薰衣草枝条和花序的汁液，造成植株发生生理干旱，影响生长； 2. 传播一种菌质病，导致薰衣草凋黄、枯萎	1. 每年7—9月，在薰衣草田安装黑光灯诱杀成虫，灯距地面1.5 m左右，灯距800 m； 2. 在成虫期用捕虫网捕捉成虫直接烧毁	8月下旬或9月上旬产卵之前，选择5％氟虫腈1 500倍液或2.5％溴氰菊酯1 500倍液防治
根结线虫	1. 植株表现为花叶、矮化、丛生状，并伴有枝枯、叶片黄化现象； 2. 植株根组织发黑，并出现大小不一的串珠状根结，根结上附着浅黄色或黄褐色的卵块	1. 夏季翻晒土壤，秋、冬深翻，冻死虫体； 2. 增施农家肥，增强抗病性	用25％阿维·丁硫水乳剂1 000～2 000倍液灌根

四、采收与加工

（一）采收

1. 采收时间

盛花期采收，最佳采收时间段为13：00—16：00，雨天不宜采收。

2. 制作花茶采收

收割花序，放在晾花棚内薄层摊开，厚度不超过 30 cm，并经常翻动。

3. 制作干花束采收

以花枝的完全长度进行收割。应整理成捆，倒挂在通风避光处干燥。

4. 提取精油采收

花穗开放 70％～80％ 时采收。一般在花序的最低花轮以下 5～10 cm 处收割。采收后应及时加工。

采收的薰衣草

（二）加工

提取薰衣草精油的主要方法有水蒸气蒸馏法、溶剂浸提法和超临界 CO_2 萃取法。水蒸气蒸馏法和溶剂浸提法是批量生产薰衣草精油的主要方法，一般认为水蒸气蒸馏法的产品品质较好，但出油率不高（一般为 0.8％～1.0％）。目前为提取精油种植的薰衣草，每亩可提纯精油 4～6 kg。

Chapter 7 第七章
白及新优品种高效栽培技术

第一节　概　　述

一、生物学特性和生长习性

白及（*Bletilla striata*）是兰科（Orchidaceae）白及属（*Bletilla* Rchb. f.）地生草本植物。

白及属野生植物分布在丘陵、高山地区的山坡草丛、低山溪谷边、疏林、沟谷岩石缝中及林下湿地等。喜温暖、阴凉湿润的气候环境，忌强光直射。白及生命力非常旺盛，生存温度为−10～40 ℃，喜肥沃、疏松、排水良好的沙质壤土或泥土、腐殖质壤土。年平均气温15～25 ℃时，白及生长最迅速。最低日平均气温8～10 ℃，年降水量1 100 mm以上，空气相对湿度为75%～80%的气候条件才有利于白及的生长。白及生长发育要求肥沃、疏松而排水良好的沙质壤土或腐殖质壤土，利于白及根系吸收到水分，在长江流域可露地越冬。

二、应用前景

白及花大色艳，一般花色呈紫红色，也有白色、蓝色、黄色、粉红色等，观赏价值高，花期3—5月，花型奇特，是一种理想的耐阴观花地被植物，花、叶清雅，园林中多与山石配置或自然式栽植于疏林下、林缘边或岩石园中，也可丛植于花径两边，点缀于较为荫蔽的花台、花境或庭院一角，颇富野趣（熊丙全等，2017），亦可盆栽室内观赏或作为切花材料，供插花之用（石晶，2010）。从白及原种中挑选出的具有优良性状的园艺品种有 *Bletilla striata* 'Junpaku'、*Bletilla striata* 'Tri-Lips'、*Bletilla striata* 'Murasaki Shikibu'、*Bletilla striata* 'Soryu' 等（倪子轶等，2018）。

白及属植物均可入药，是我国常用的中药材之一，其中白及的药效最好（姚宗凡等，2001）。白及在药理方面表现为性微寒，归肺、肝、胃经，以其干燥块茎入药，具有收敛止血、消肿生肌等功效，主要用于治疗咳血、吐血、外伤出血、疮疡肿毒、皮肤皲裂、肺结核咳血、溃疡病出血等，杀菌抗癌的效果也比较良好。

白及也是工业上不可缺少的原料。其茎中含有大量水溶液性多糖，其化学成分是葡甘露聚糖，是白及胶的主要功能性成分（郑玉炎等，1992）。白及胶可应用于食品工业、医药工业和天然日化等领域（孙达锋等，2009）。

第二节　新优品种

白及品种大致可以分成两个大类。一类为紫花白及，花紫红色，叶披针形或广披针形，先端渐尖，基部下延成鞘状抱茎，包含大种、小种两小类；另一类为黄花白及，又称狭叶白及，其花黄白色，叶条状披针形。上述品种中以紫花大种白及产量高，药效好，为规模化种植的首选种类。

1. 华白及（*Bletilla sinensis*）

【特性】株高 15～18 cm，假鳞茎近球形。茎直立，粗壮。叶 2～3 枚，基生，披针形或椭圆状披针形，先端急尖或渐尖，基部收狭成鞘并抱茎。花葶从叶丛中伸出，纤细，直立，长 10～15 cm，具 2～3 朵花；花苞片长圆状披针形；花小，萼片线状披针形，先端近急尖；花瓣披针形，先端急尖；唇瓣白色，长椭圆形，具细斑点，先端紫色。

【花色】淡紫色，或萼片与花瓣白色，先端为紫色。

【花期】6月。

2. 小白及（*Bletilla formosana*）

【特性】株高15～50 cm。假鳞茎扁卵球形，较小，上面具荸荠似的环带，富黏性。茎纤细或较粗壮，具3～5枚叶。叶一般较狭，通常线状披针形、狭披针形至狭长长圆形，先端渐尖，基部收狭成鞘并抱茎。总状花序具（1～）2～6朵花；花序轴或多或少呈"之"字状曲折；花苞片长圆状披针形，先端渐尖，开花时凋落；花较小，萼片或花瓣狭长圆形，近等大；萼片先端近急尖；花瓣先端稍钝；唇瓣椭圆形，中部以上3裂。

【花色】淡紫色或粉红色，罕白色。

【花期】4—5（—6）月。

本种植物叶的长短和宽窄变异较大，花比白及小得多，唇瓣等特征与白及颇具区别；若花为白色，以唇瓣的侧裂片先端稍尖或急尖，伸至中裂片长度的1/3及花较小等特征也易区别于黄花白及。

小白及

3. 白及 (*Bletilla striata*)

【特性】株高 18～60 cm。假鳞茎
扁球形，上面具荸荠似的环带，富黏
性。茎粗壮，劲直。叶 4～6 枚，狭长
圆形或披针形，先端渐尖，基部收狭
成鞘并抱茎。花序具 3～10 朵花，常
不分枝或极罕分枝；花序轴或多或少
呈"之"字状曲折；花苞片长圆状披
针形，开花时常凋落；花大，萼片和
花瓣近等长，狭长圆形，先端急尖；
花瓣较萼片稍宽。

【花色】紫红色或粉红色。

【花期】4—5 月。

白及

4. 黄花白及（*Bletilla ochracea*）

【特性】株高 25～55 cm。假鳞茎扁斜卵形，较大，上面具荸荠似的环带，富黏性。茎较粗壮，常具 4 枚叶。叶长圆状披针形，先端渐尖或急尖，基部收狭成鞘并抱茎。花序具 3～8 朵花，常不分枝或极罕分枝；花序轴或多或少呈"之"字状曲折；花苞片长圆状披针形，先端急尖，开花时凋落；花中等大。

【花色】黄色，或萼片和花瓣外侧黄绿色，内面黄白色，罕近白色。

【花期】6—7 月。

黄花白及

5. 巨茎白及

【特性】总状花序顶生，有 5～15 朵花，花序轴长 10～20 cm，苞片披针形，早落；花直径 3～4 cm；萼片 3 枚，花瓣状，与花瓣近等长，狭长圆形；花瓣 3 枚，唇瓣倒卵形，白色或具紫脉，上部 3 裂。

【花色】紫色或淡红色。

【花的开放度】开放的第 1 天花苞打开，第 2 天花朵半开，第 3 天花朵全开。

巨茎白及

6. 白及栽培品种

白及栽培品种有白花白及等。

白花白及

第三节　高效栽培技术

一、种苗繁殖

白及繁殖包括种子繁殖、分株繁殖及组培繁殖等方式。白及种子在自然条件下繁殖困难，常以分株繁殖为主，通过切分地下假鳞茎、分株栽种而实现。

1. 分株繁殖

白及为地生兰类，目前我国常规繁殖方式通常以假鳞茎的分株形式为主。2—4月或9—10月白及收获后选种。为了提高白及种植成活率和促进白及植株强健成长，最好边挖边选边栽。选择当年生具有鳞茎和嫩芽且无虫蛀、霉变、腐烂、机械损伤的假鳞茎作种苗，随挖随栽。在人工栽培条件下，1个块茎能形成1个新块茎。北方可进行低温温室栽培，在长江以南的广大地区可进行盆栽，宜用透水透气好的腐殖土浅盆栽植。也可在露地疏林下，选择排水好的地方做床种植。冬季植株完全休眠，叶片脱落，此时应停止浇水，只保持其假鳞茎不干缩即可。假鳞茎扁圆形，每年春季从老的假鳞茎侧面生出新的茎叶，生长末期茎基部形成新的假鳞茎（卢思聪，1994）。

2. 种子繁殖

郭顺星等（1992）研究表明，白及种胚含有碳水化合物、蛋白质和油脂等，这些物质能为种子萌发提供营养，是兰科植物中易萌发的种子类型，可以进行种子直播繁育。白及种子极小，每个蒴果内含数万粒种子，室内人工授粉至种子成熟约需 80 d，种子呈橄榄形，白色微黄；种皮由 1 层膜质的长形死细胞构成，种皮细胞质及细胞器均已消失，细胞壁加厚。胚位于种皮内部中央，由几个细胞组成，处于原胚阶段，种子无胚乳。成熟种子的胚体中薄壁细胞较大，富含淀粉及脂类物质。

采用常规的培养皿发芽或在无菌树叶上播种，种子均可正常萌发。培养 5 d 时，胚发育膨大成球形，约半个月以后种子萌发形成原球茎，且原球茎细胞内出现叶绿体；继续发育则顶端分生组织的一侧分化出 1 片子叶，随后在子叶相对的一面开始形成第 1 片真叶，原球茎下部四周分化出假根。

3. 组培繁殖

（1）外植体的选择。根据植物细胞全能性学说，白及的任何部位都可以作为外植体，但不同部位的再生能力有很大差异，白及的组培快繁技术主要包括种子无菌萌发和营养器官的组织培养。

【种子无菌萌发】白及蒴果中含有大量的种子，消毒方便，污染率低，在适宜的培养基上萌发率高（郭顺星等，1992）。因此，许多研究者都选用种子为外植体，采用 Bernard 创立的非共生萌发法，将种子播撒在培养基上进行无菌萌发（管常东等，2010）。喻苏琴等（2010）研究发现，采用 1%次氯酸钠灭菌，1/2 MS 培养基，2%蔗糖，0.1%活性炭，光周期10～12 h/d，7 d后白及种子萌发率可达80%以上。赵漫丽等（2011）研究发现，白及种子萌发的最适配方是MS+1.0～3.0 mg/L BA+1.0 mg/L NAA+3 g/L碳粉，最高萌发率可达99.7%。宋晓丹等（2014）对白及种子试管苗高频萌发的应用研究发现，适合白及种子试管苗高频萌发环境为光环境，最佳萌发培养基为 MS+1.0 mg/L NAA+6.0 g/L AC，萌发率可达98%以上。王楷等（2014）对白及种子高效萌发的研究表明，种子萌发最佳培养基为液体培养基1/2 MS+1.0 mg/L 6-BA，添加10%的椰汁乳能有效提高萌发率。

【营养器官的组织培养】研究结果表明，利用白及新鲜块茎的顶芽、茎尖、侧芽、块茎（假鳞茎）以及幼根培养大都可诱导愈伤组织，而以白及叶片和花茎作为外植体进行组培快繁比较困难。但白及组培快繁以蒴果（种子）为外植体的诱导率最好且成苗迅速、质量好。

（2）基本培养基类型对白及组织培养的影响。白及组培快繁使用的基本培养基有 MS、1/2 MS、KC、ZW、花宝1号、花宝2号等。白及不同的培养阶段（种子萌发或愈伤组织形成、增殖、分化及生根壮苗）选择的基本培养基亦有差别，最常用的是 MS 和 1/2 MS 培养基。

（3）植物生长调节剂对白及组织培养的影响。白及在不同生长发育阶段所需植物生长调节剂的种类及浓度配比不尽相同。因此，激素是白及组培快繁的关键。袁宁（2008）将白及不同胚龄种子接种到 1/2 MS 和花宝1号及分别添加 1.0 mg/L 6-BA 或 1.0 mg/L TDZ 的培养基，对比发现 1/2 MS 萌发率优于花宝1号，添加 TDZ 或 6-BA 后的萌发率显著提高，表明在培养基中添加植物生长调节剂对胚龄短的种子具有促进萌发的作用；且通过外源激素的对比，发现 6-BA 效果优于 TDZ。张燕等（2009）认为白及种子萌发最适培养基为 1/2 MS+1.0 mg/L NAA，添加低浓度的外源细胞分裂素［6-BA 或激动素（KT）］与 NAA 组合严重抑制了种子的萌发。2,4-D 被广泛应用于愈伤组织的诱导（霍云谦，2005），不易分化和再生（李代丽，2007）。邹娜等（2013）研究发现，等浓度的 NAA 与 KT（或 6-BA）的配合使用对白及原球茎的诱导效果很好，2,4-D会抑制白及原球茎的诱导和分化。NAA、IBA被广泛用于生根，并能与细胞分裂素互作促进茎芽的增殖。杨嘉伟等（2015）研究发现，NAA、IBA在一定浓度范围内促进白及幼苗叶长、叶宽的增加，NAA较IBA效果好；6-BA、KT则抑制幼苗的生长。

（4）组培苗移栽。瓶苗在生根培养基中培养80 d后，地下球茎形成，可将瓶苗从实验室转移至大棚，自然放置1周，然后打开瓶盖放置2 d，再取出小苗。取出小苗，洗净小苗根部培养基，移栽到预先打湿的基质中。此时，控制棚内空气温度20～30 ℃，土壤湿度70%左右，采用遮阳网遮阳，透光率低于40%，每周喷2次2%磷酸二氢钾溶液。

白及组培苗

白及组培苗炼苗

待新叶长出 5 个月后，移去遮阳网，在大棚内培育。翌年，白及球茎明显增大、生长旺盛、适应性强，可移栽到大田种植。

二、栽培管理

（一）选地整地

白及对土壤的透气性要求较高，应选择土层深厚、肥沃、疏松、排水良好的土地，土质为沙质壤土和腐殖质壤土。

播种前应深耕，耕作深度不低于 20 cm。地四周排水沟要整理通畅。耕作时，施优质腐熟农家肥 22.5 t/hm² 作基肥，深翻到土壤中再起畦，畦面宽 1.4 m，畦高 20 cm，耕平耙细畦面后等待播种。结合整地，耕翻时将 1.1% 苦参碱粉剂 30.0～37.5 kg/hm² 均匀撒入土中，杀灭土壤中小地老虎、金针虫等。播前施复合微生物肥料 1 875 kg/hm²、有机肥 15 t/hm²，翻耕使土壤和肥料充分混合。

（二）定植

按株距 30 cm、行距 30～40 cm 挖穴，穴深 12～15 cm，然后把带芽块茎分割成小块，每个小块上保证有嫩芽 1～2 个，伤口处蘸石灰与细土混合物。每穴均匀种植 3 个带有嫩芽的种茎，每个种茎芽嘴朝处呈三角形相互错开，平放在穴底，然后用过筛的充分腐熟沤好的农家肥覆

白及组培苗定植

盖，也可以用腐殖土拌入细泥土覆盖。覆盖后压实，穴面覆盖要与畦面保持平行，种植后浇足定根水。覆盖黑色地膜可保湿保温，提高白及成活率，同时抑制杂草生长。

（三）中耕除草

在白及种植前两年，每年的除草频次应为4～5次。通常情况下，在4月中旬，应执行1次彻底除草作业。在5月底至6月初，应执行1次除草追肥作业。在9月前，对于白及种植田，应执行2～3次除草作业。若覆盖了地膜或稻壳等，第1年不需要除草。在白及种植的第3年，一般田地中的杂草就会明显减少，应执行2～3次除草作业。在白及种植的第4年，应执行1～2次除草作业（熊丙全等，2017）。

（四）施肥管理

白及喜肥，每次中耕除草后及时施肥。春季白及吸肥能力差，可每隔15 d选晴天用0.1%磷酸二氢钾和0.2%尿素混合液喷施叶面。5—6月是地下块茎快速生长期，施肥以施用牛粪等有机肥为主，也可施用复合肥。施肥方式为穴施，用量为150 kg/hm²。秋季地上部分再次萌发时需要追肥。

（五）水分管理

白及喜阴湿又怕涝，要经常保持土壤湿润，遇天旱应及时浇水。7—9月，若持续晴10 d以上时，早、晚温度不高时需各浇1次水；雨季或每次大雨后，要及时疏沟，排出多余的积水，避免根腐（黄永亮，2013）。

三、病虫害防控

（一）病害防控

春、夏期间雨水过多，白及容易发生根腐病和叶斑病，主要危害叶片和根部，导致植株死亡（邹晖等，2017）。

农业防治：防涝防渍，保持排水畅通，田间湿度不宜过大，不要让白及长期浸泡在积水的土壤中。

药剂预防：用贰仟种活菌液-恩特施（含地衣芽孢杆菌、胶冻样芽孢杆菌，100～120 mL 兑水 15 L）加 1/3 袋海藻型叶面肥叶面喷施。间隔 7 d 左右用药。病轻连用 2 次，病重连用 4 次以上（张泽等，2020）。

（二）虫害防控

1. 地下虫害

主要有小地老虎、金针虫、蛴螬、蝼蛄等。可进行人工捕捉；可用毒饵诱杀，10％辛硫磷乳油 50～100 mL 拌毒饵 3～4 kg 撒施于行间；可使用昆虫病原线虫粉剂 6 kg/hm²，随水冲施，间隔 20 d 再使用 1 次，能很好控制地下害虫。

2. 地上虫害

主要有尺蠖、红蜘蛛、蓟马。用昆虫病毒生物杀虫剂 600 亿 PIB/g 棉铃虫核型多角体病毒水分散粒剂 2～3 g 兑水 15 L 喷施或 10％阿维菌素悬浮剂 105～165 mL/hm²，间隔 10 d，连续 3 次用药，防控效果好。

四、采收

白及种植第 4 年 9—10 月地上部分枯萎后，采挖块茎。此时，地下已形成 10 个左右的块茎，抱团生长在一起。若采收太迟，个别块茎会发育不良。采挖时，将地面枯死的茎叶及杂质、烂草彻底清除。

Chapter 8 第八章
鼠尾草新优品种高效栽培技术

第一节　概　　述

一、生物学特性和生长习性

鼠尾草（*Salvia japonica*）是唇形科（Labiatae）鼠尾草属（*Salvia*）一年生草本植物。茎直立，株高30～100 cm，植株呈丛生状，沿棱上被疏长柔毛或近无毛。茎四角柱状、叶对生，顶生总状花序，长15cm以上；苞片蓝紫色；花萼钟形，蓝紫色。

鼠尾草播种当年或翌年夏季开花，但不结籽，2～3年以上的植株开花结实。种子成熟后易掉落，故要经常检查，当种子变褐色即采收，阴干备用，留种。

鼠尾草在温暖的地方长势比较好，一般15～25 ℃最为适宜。它有一定的耐寒能力，在南方过冬一般不用采取特殊措施；在北方则需稍微注意调节一下。

鼠尾草对光照的要求不太高，野生植株生长在阴凉的地方。所以，平时光照不可太强，最好是半阴之处，稍微有散射光即可；有强光时，需注意遮挡一下。

鼠尾草常生于山间坡地、路旁、草丛、水边及林荫下。一般的园田土多可用于栽培，比较适宜于石灰质（碱性）土壤。

二、应用前景

鼠尾草是著名的民间常用草药，鼠尾草提取物有活血化瘀、通经止痛、清心除烦及治月经不调、心绞痛、肝脾肿大等作用，还可以作为香辛料来调味和保存食物。研究表明，鼠尾草提取物富含二萜、三萜、黄酮和各种酚类化合物。由于共轭环状结构和羟基的存在使得植物多酚具有很强的抗氧化能力，它通过加氢作用与活性氧结合形成稳定化合物来清除氧化过程中的自由基，同时还可以通过螯合金属离子来减缓氧化过程。多酚有多种抗氧化机制，仅用一种方法不能鉴定出其所有潜在的抗氧化机制。鼠尾草具有自身独特的香气风格，含有多种有机酸、甾醇，具有作为烟用香精香料的前景。鼠尾草提取物具有一定的抗氧化活性，能够降低糖尿病小鼠中丙二醛（MDA）的含量，改善糖尿病小鼠的肾脏病变。

第二节　主要类型与新优品种

一、主要类型

鼠尾草品种繁多，按开花时节、原产地和生长习性大致分成三大类，即春季开花型、夏或秋季开花型、多季开花型（药草花园，2013a）。

【春季开花型】代表品种主要有药用鼠尾草、林荫鼠尾草、彩苞鼠尾草、快乐鼠尾草、轮叶鼠尾草等。该类型鼠尾草大多原产于欧洲和西亚，属于温带型鼠尾草，它们为莲座状丛生的植株，略带灰白的粗糙叶片。5—6月，从叶丛里抽出花序成串开放，每朵花虽然较小，但是每株花穗众多或具有鲜艳华丽的苞片，开放时依然具有极强的观赏性。这类鼠尾草耐寒性好，耐热性相对较弱，在我国大部分地区可以过冬；而在长江流域及以南地区炎热闷湿的夏季，需要保证良好的排水，避免植株枯萎腐烂。

【夏或秋季开花型】代表品种主要有粉萼鼠尾草、天蓝鼠尾草、紫绒鼠尾草等。该类型鼠尾草原产于中美洲或南美洲，株型直立，花色鲜艳，花筒修长，花瓣也比春季开花的鼠尾草品种醒目许多。生性强健，能耐受夏季的炎热，并且保持开花不断；但在北方地区，冬季需要挖出，移入花盆在室内管理，春季再移出室外。用种子繁殖的品种可以早春在室内春播。

【多季开花型】代表品种主要有深蓝鼠尾草、红花鼠尾草等。多季开花型鼠尾草大多来自墨西哥和南美洲，在原生环境里，它们的花期和授粉者蜂鸟的迁徙规律息息相关。每年当蜂鸟迁徙归来时，这些鼠尾草就开始开花，直到授粉者在深秋离去，鼠尾草花期结束。

二、新优品种

1. 药用鼠尾草（*Salvia officinalis* L.）

【特性】引进种，株高 60～70 cm，叶片卵圆形，有着灰绿色、粗糙的网格状织纹。茎秆四方形。夏季开出串串淡紫色的长筒形花朵。花谢后，结出成对的芝麻大小的种子。比起不起眼的细小花朵，药用鼠尾草的叶片更具观赏性。

药用鼠尾草

【花期】5—6月。

【习性】耐寒性强，在我国华北地区可以过冬，耐热性弱。

【应用】银绿色且质感十足的叶片在阴影里沉静安详，在阳光下则熠熠生辉。无论是盆栽还是植于花坛，都会给人留下深刻的印象。此外，它浓郁的香气特别适合烹调肉类和薯类。在茶叶传入欧洲之前，当地的人们一直都把鼠尾草叶切碎泡茶。

2. 林荫鼠尾草 (*Salvia nemorosa* L.)

【特性】引进种，株高60~70 cm，林荫鼠尾草一般在秋天播种或分株繁殖，春季从丛生的叶座里抽出数十根长而笔直的花序，上面密布蓝紫色、玫瑰粉色或白色的小花，形成一根根彩烛般的花棒。

【花期】5—6月。

【习性】原产于欧洲中部和亚洲西部的森林中，因其耐寒的特性，在欧美园艺界有着悠久的栽培历史。耐寒性强，在我国华北地区可以过冬，耐热性弱。

【应用】具有一种简约清爽的时尚感，非常适合大片种植，开放时花序挺拔整齐。可盆栽，定植时应注意保留足够的空间。

林荫鼠尾草

3. 彩苞鼠尾草（*Salvia viridis*）

【特性】引进种，株高 40 cm，花瓣形状独特，苞片色彩艳丽，其花序层层开放后，顶部有数枚苞片如蝴蝶的彩翼般翩翩展开，或蓝紫色、或桃红色、或乳白色，与花茎上娇小玲珑的花串搭配，如同花之精灵在枝头飞舞，轻盈梦幻，仙气十足。

【花期】5—6 月。

【习性】耐寒性强，耐热性弱，喜好干燥凉爽的环境，所以栽培中应注意选择排水良好的土壤。在温带地区，彩苞鼠尾草可以多年生长，但在夏季炎热地区，通常只作为二年生植物栽培。秋季播种，大苗过冬后翌年春季开花，收取种子更新繁殖。春播育苗虽然也可以当年开花，但植株抽出花莛时恰逢梅雨期，光照不足，花穗会变得弯曲杂乱，失去挺拔的姿态。

彩苞鼠尾草

4. 粉萼鼠尾草（*Salvia farinacea*）

【特性】引进种，株高 30～60 cm，叶对生，呈长椭圆形，先端圆，全缘（或有钝锯齿）；种子近椭圆形；花轮生于茎顶或叶腋，花呈紫、青色，有时白色，具有强烈芳香。花冠呈美丽的蓝紫色，花萼密布白粉状的茸毛。

【花期】5—11 月。

【习性】性喜温暖及全日照环境，较耐热，不耐寒，耐瘠，但以肥沃、排水良好的壤土为佳；生长适温 15～28 ℃。

【应用】植株体形较小，冠径 30 cm，对环境要求不高，是最适合家庭花园和阳台园艺的鼠尾草之一。粉萼鼠尾草蓝紫色修长俏丽的花序与薰衣草十分接近，大片栽培时，仿佛一片紫色的海洋。

粉萼鼠尾草

5. 天蓝鼠尾草（*Salvia uliginosa*）

【特性】引进种，株高 150 cm，夏季从淡绿色的花萼里冒出朵朵天蓝色的花朵，花唇上还点缀着水滴形的白色斑纹。

【花期】6—10 月。

【习性】19 世纪初在巴西南部和阿根廷发现的一种南美原生种，原生环境是湿润的沼泽地，耐寒性中，耐热性强。

【应用】全穗开放时如同从天而降的滴滴蓝雨，清新秀丽。从初夏到秋季开花不绝，在花园里和露台上种植数株，可以让人眼前一亮。

天蓝鼠尾草

6. 紫绒鼠尾草（*Salvia leucantha*）

【特性】引进种（墨西哥鼠尾草），株高 100～150 cm，冠径 100～120 cm，叶片狭长，茎秆密被白色茸毛。花序修长优美，可达 20～30 cm，花上覆盖着一层紫红色茸毛，如同天鹅绒一般，十分华丽雍容，是非常珍贵的深秋花卉。

【花期】10—11 月。

【习性】耐寒性弱，耐热性强，植株高大，盖度、冠幅也很大，如果管理不善，很容易变得杂乱。春季发芽前应对上年的枝条进行修剪整理。

紫绒鼠尾草

7. 凤梨鼠尾草 (*Salvia elegans*)

【特性】引进种，株高 100 cm，凤梨鼠尾草和紫绒鼠尾草一样为珍贵的深秋花卉，花色艳红，植株高挑紧凑，盛开时非常夺人眼球，它的叶片有着清新的凤梨香味。

【花期】10—11 月。

【习性】耐寒性弱，耐热性中，植株长大容易凌乱和倒伏，可以适当给予支撑。

凤梨鼠尾草

8. 红花鼠尾草 (*Salvia coccinea* L.)

【特性】引进种，株高 50 cm，在原产地墨西哥，为吸引蜂鸟来传授花粉，它生长出娇艳醒目的暖色唇瓣，修长的花筒也非常适合蜂鸟的尖长嘴形。

【花期】5—11 月。

【习性】红花鼠尾草来自热带，耐寒性弱，耐热性强，在有防寒的情况下，可以在长江流域过冬。有着强大的自播功能。

【应用】株型小巧，适合阳台和花盆种植，而且叶片具有一种清新甜美的热带水果香，非常迷人。

红花鼠尾草

9. 其他品种

鼠尾草优质品种还有黄金鼠尾草、斑叶鼠尾草、椴叶鼠尾草、甘西鼠尾草、绒毛栗色鼠尾草、茨欧鼠尾草、贵州鼠尾草、兔唇鼠尾草、云南鼠尾草、快乐鼠尾草、新疆鼠尾草、南川鼠尾草、美丽鼠尾草、超级鼠尾草、土耳其鼠尾草、雪山鼠尾草等。此外，还有一些选育品种，即鼠尾草紫星、紫柳、粉蝶、蓝蝶、维多利亚、一串红、一串粉、矮秆一串蓝、蓝星、天使、牛津蓝、露台、鸵鸟和艳后等。

雪山鼠尾草

一串红粉色

一串红深粉

新疆鼠尾草　　西洋鼠尾草　　一串紫　　快乐鼠尾草

第三节　高效栽培技术

一、种苗繁殖

目前生产上鼠尾草种苗繁殖方式主要有种子繁殖、组培繁殖、扦插繁殖和分株繁殖等。

1. 种子繁殖

种子在2—9月均可播种，有保温四季可播种。播种一般在春、秋两季进行。育苗期为9月至翌年4月。由于鼠尾草种子外壳比较坚硬，先将选定的鼠尾草种子用 50 ℃左右温水浸泡，待温度下降到 30 ℃时，用清水冲洗几遍，尽量洗净种子上附着的黏膜，再把洗净的种子放于 25～30 ℃恒温的清水中浸泡 24 h 进行催芽。鼠尾草幼苗怕强光高温，大面积栽培中为保证幼苗成活率，一般情况下应采取育苗移栽的方式栽种，南方强光、高温、高湿环境下，育苗床上需拉盖遮阳网。因鼠尾草种子较小，苗床育苗只能采用撒播方式，撒完种子后要覆盖薄土，并保持土壤湿润，幼苗叶展至 5 cm 时移栽最佳，移栽时按株行距 30 cm×50 cm 定植（古立刚等，2017）。

2. 组培繁殖

取鼠尾草茎基部，去除上部的茎和下部的根，保留 1.0～1.5 cm，用洗洁精清洗干净。分别将种子和茎基部放置在玻璃瓶中，纱布封口，流水冲洗 1 h。准备 75% 乙醇、0.1% 升汞、2% 次氯酸钠溶液、0.5%（V/V）吐温-80、无菌水、100 mL 无菌三角瓶、无菌镊子、无菌滤纸等。在超净工作台上，先用无菌水冲洗种子和茎基部 2 次，用 75% 乙醇浸泡 30 s，无菌水冲洗 3 遍，后用消毒液消毒，消毒液中加入 0.5%（V/V）吐温-80，再用无菌水冲洗 5 遍，滤纸吸去外植体表面水分。

（1）灭菌方法。鼠尾草种子和鼠尾草茎基部分别用 0.1% 升汞或 2% 次氯酸钠溶液消毒。种子消毒时间和茎基部消毒时间不同，比较不同时间和不同消毒液对外植体污染率的影响，确定不同外植体的最佳消毒方法。

（2）诱导培养基。以 MS 为基本培养基，添加不同浓度的细胞分裂素 6-BA 和生长素 NAA。其中，细胞分裂素 6-BA 为 0～4 mg/L，生长素 NAA 为 0～0.4 mg/L。根据不同激素配比的培养基中鼠尾草的生长状态确定最适合的激素含量。

（3）增殖培养基。诱导鼠尾草出芽后，以 MS 为基本培养基，添加不同浓度的细胞分裂素 6-BA 和生长素 NAA 调节芽增殖。其中，细胞分裂素 6-BA 为 0～1.2 mg/L，生长素 NAA 为0～0.1 mg/L。根据不同激素配比的培养基中鼠尾草的生长状态确定最适合的激素含量。

（4）不定根诱导及驯化移栽。以 1/2 MS 为基本培养基，观察鼠尾草生根情况。完成生根后，在培养室揭开瓶盖，室温下放置 3 d。取出组培苗，清洗附着在组培苗上的培养基，整理根并种植于配好的基质中（高燕等，2017）。

3. 扦插繁殖

扦插时间南方在 5—6 月，北方保护地在 3 月开始。插条宜选用枝顶端不太嫩的茎梢，长 5～8 cm，在茎节下位剪断，摘去 2～4 枚大叶，上部叶片摘去一半（以减少水分蒸发），将枝条插于沙质土或珍珠岩的苗床，基质以锯末：泥炭土：珍珠岩为 1：1：1 的生根时间最短，生根率最高，长势最好，插深 2.5～5.0 cm，株距 5 cm，行距 8～10 cm，插后浇水，需浇透，并覆盖薄膜保温，20～30 d 发新根。苗床要求光线充足、土壤湿润、疏松，扦插苗成活率一般在 95% 左右，炼苗 3～5 d 可移栽（谢翠苹，2014）。

二、栽培管理

种类不同，鼠尾草栽培的环境与时节也不同（药草花园，2013b）。春季开花的品种耐寒怕热，喜好阳光，不耐水湿，最好将它们栽种在全日照的环境里，但在炎热的夏季需要遮阴。这类鼠尾草多数是 1 年开花 1 次，花期会萌生出大量的花序，所以定植时需要留出足够的空间，以免将来太过拥挤。夏、秋季开花和多季开花的鼠尾草耐热不耐寒，适宜栽种在阳光良好的花园中，相对春季开花品种需要更多的水分，特别是在它们的生长旺季（炎热的夏季），需要及时补充水分。在北方地区，冬季到来前要和其他宿根植物一起进行修剪，并覆盖植株周围地表，防止寒潮侵袭。如果地面会结冰，应该在结冰前把植物挖掘出来，放入花盆中在室内管理，春季再重新种回花园。

1. 选地整地

鼠尾草种植地宜选高燥不受水涝或排水良好的土壤,既可大面积种植,又可零星栽培。因是多年生植物,种植后不需太多的管理就能良好生长,且可连续收获多年。鼠尾草喜气候温和、阳光充足、空气湿润的环境。在气温低的地区,植株生长发育不良,幼苗出土亦慢。如果为耐寒鼠尾草,在北方能露地越冬;但怕旱又怕涝,低洼积水易引起烂根。

选好地后,翻地前先根据土壤条件对预播种鼠尾草的地块进行"全层施肥",以保证鼠尾草全生育期都能够有一定营养元素的供应,药用鼠尾草种植的地块以施有机肥为主,要求施肥量不低于 2 000 kg/亩;观赏鼠尾草地块依据土壤条件可选择施用无机肥,以磷肥为主,氮钾肥为辅,壤土可适量多施,沙性土壤少施或不施。具体做法是选择多云时把准备好的肥料均匀撒施于地表,犁地时使之翻埋于表层之下,要求犁地深度一般不低于 30 cm。整地时一定要施足基肥,每亩施腐熟厩肥或堆肥3 000 kg,深耕把肥料翻入地里,耙细整平。根据地形,顺坡向按适当距离开数条排水沟。

2. 播种或移栽

播种或移栽根据不同品种、不同生长环境等定距,单位面积上有一个最适苗数,过稀、过密不但会影响到单位面积产量,而且会影响到其质量和观赏价值。直播或育苗移栽均可。直播时每穴 3~5 粒。株高5~10 cm 时需间苗,间距 20~30 cm。如甘西鼠尾草行距 10 cm条播,播后盖薄土,以盖住种子为度,保持土壤湿润,10~15 d 后出苗,遇土壤干旱要浇水,土表稍干时及时中耕除草,经常保持土壤湿润无杂草。以条播方式播栽,按行距 45 cm 开浅沟,沟深 3 cm,将种子均匀播于沟内,覆土 1.0~1.5 cm,每亩用种 0.5 kg(谢翁裕馨等,2010)。

3. 灌溉

鼠尾草种子较小，播种深度及覆土厚度不宜超过 2 cm，因春季风大，地表土壤易散失水分，不利于发芽出苗，播种后注意土壤保湿，每年适时灌溉 3～4 次。鼠尾草比较喜湿，成长期可稍微多浇一些，保持土壤湿润；不过，太涝也不可，雨季需及时将水排掉。另外，在入冬之前，还需灌水 1 次。在长江以北地区，冬季需培土越冬，一般在地上部收获后、冬冻前灌水后即培 20 cm 高的土，翌春终霜后扒开土浇水，使萌芽生长。华南地区不需覆盖可安全越冬。

4. 间苗、定苗

株高 5～10 cm 时间苗定苗，间距 20～30 cm，根据植株、不同要求（药用、观赏用等）进行调整。当苗高 6 cm 时进行第 1 次间苗，通过两次间苗即可定苗。成株后可再次间苗，增加距离，使生长旺盛。定植后保持土壤疏松，田间无杂草。

5. 整形、中耕除草

植株长出 4 对真叶时留 2 对真叶摘心，促发侧枝，花后摘除花序仍能抽枝开花。定植后应及时松土除草，一般在植株封行前进行 3 次，在苗高 5～10 cm 时进行第 1 次中耕除草，此时苗小根浅，松土要浅，以后每 15 d 进行 1 次，第 3 次中耕应深些。

6. 水分、追肥管理

定植后的鼠尾草应及时除去田间杂草，以防供给鼠尾草的营养元素被杂草争夺，造成无谓的营养流失。人工追肥在苗期、花期一般开展 2～3 次，在距离苗行 5 cm 的地方开出深度 5～10 cm 小沟施肥；苗期追肥以尿素为主，用量按 10～15 kg/亩追施；花期追肥按每亩 5～10 kg 尿素加磷酸氢二铵 10 kg 用量，有条件的地方可在开花初期和盛花期各追肥1次，效果会更好。药用鼠尾草在种植过程中不提倡施用化肥，为保证药效，建议以施用有机肥为主，每亩不少于 1 000 kg 有机肥效果最佳。

鼠尾草需水不多，除了原生沼泽地区的天蓝鼠尾草，大部分鼠尾草都有一定的耐旱能力，喜好排水良好的疏松土壤，土壤表面干燥后再浇水即可。不过在炎热的盛夏，应该对开花的深蓝鼠尾草、红花鼠尾草和粉萼鼠尾草及时补充水分，以免脱水。

7. 灌排水

出苗期或移栽缓苗期土壤干旱应及时浇水或灌水，雨季及时排出田间积水，防止涝害。

鼠尾草种植情况

三、病虫害防控

（一）病害防控

主要病害有叶斑病、根腐病、白粉病、锈病、茎腐病、立枯病、猝倒病等。

叶斑病危害叶片，病部常出现深褐色病斑，近圆形或不规则形，后逐渐变成大斑，严重时叶片枯死，常发于 5 月中旬，6—7 月发病严重。防治办法：加强田间管理，实行轮作；增施磷钾肥；喷施 70％代森锰锌可湿性粉剂，每亩 175～225 g 兑水配成 300～500 倍液，间隔 10 d 重复 1 次。

根腐病常发于 5—11 月，初期个别支根或须根变褐腐烂，后逐渐向主根扩展，致使全根腐烂，外表变成黑色，最后植株死亡。防治办法：病重地区忌连作；选地势干燥、排水良好地块种植；雨季注意排水；发病期用 70％多菌灵 1 000 倍液浇灌根部。

（二）虫害防控

1. 地下虫害

主要有蛴螬、金针虫等。播前用 50％辛硫磷乳油防控，每亩用药 500 mL，兑水 25 L，均匀喷在地面，立即耕翻耙糖，持效期可达 1～2 个月，对防治地下虫害有显著效果。试验基地均用此高效、低毒杀虫剂。

2. 地上虫害

主要有蚜虫、红蜘蛛、烟粉虱、粉介壳虫等。可用 1.5％天然除虫菊素 600～800 倍液或 5％鱼藤酮提取物 500～800 倍液喷雾防治。间隔 7～10 d 重复喷施 1 次，效果明显。

四、采收

定植的第 1 年鲜叶产量不高，第 2 年以后鲜叶产量逐渐增加。第 1

次在花未现蕾时采收（鲜叶可以提取芳香油或阴干后作为商品出售），第 2 次收割在 9 月中旬左右，第 3 次收割在 10 月下旬下霜之前，每次收割后及时施肥、浇水。第 3 次收割后即进行越冬覆盖，以保证翌年产量。

Chapter 9 第九章
迷迭香新优品种高效栽培技术

第一节 概　　述

一、生物学特性和生长习性

迷迭香（*Rosmarinus officinalis* L.）别名艾菊、海洋之露，是唇形科（Labiatae）迷迭香属（*Rosmarinus* L.）多年生常绿芳香型灌木，为药食同源植物，自然分布在欧洲南部、非洲北部地中海沿岸及亚洲西部的沙地、悬崖边、石漠化地区和沿海等不同生境。

迷迭香为常绿灌木，高达 2 m。茎及老枝圆柱形，皮层暗灰色，不规则纵裂，块状剥落，幼枝四棱形，密被白色星状细茸毛。叶常在枝上对生或丛生，具极短的柄或无柄，具强烈香味，叶片线状针形，长 1.5～3.5 cm，宽 2～3 mm，先端钝，基部渐狭，全缘肥厚，卷曲，革质，上面稍具光泽，近无毛，下面密被白色的星状茸毛。花腋生，近无梗，少数聚集在短枝的顶端组成总状花序；花冠白色、蓝紫色，长约 7 mm，外被疏短柔毛，内面无毛，冠筒稍外伸，冠檐二唇形，上唇直伸，2 浅裂，裂片卵圆形，下唇宽大，3 裂，中裂片最大，内凹，下倾，边缘为齿状，基部缢缩成柄，侧裂片长圆形；子房裂片与花盘裂片互生。坚果卵形或倒卵形，黑色，种子小，千粒重约 1.1 g。

迷迭香生根快，分枝能力强，一次能够分枝 12～33 个，其中一次分枝数为 5～12 个，二次分枝数为 25～43 个，三次分枝数为 9～19 个，成年植株的树冠空间伸展直径为 65～110 cm。

迷迭香在我国南方一般春季和秋季开花，花期可以延续 1 个多月，其中个别品种能够做到常年开花。

迷迭香属长日照植物，生命力强、耐干旱、耐瘠薄、耐盐碱、极耐寒，性喜夏季冷凉、冬天严寒、昼夜温差大的生长环境，最适宜阳光充足、温暖湿润的环境，生长温度为 15～30 ℃，20 ℃左右生长势较旺盛，温度过低时生长缓慢，高温高湿情况下极易死苗，对 5 ℃以下的低温和 30 ℃以上的高温较敏感。由于迷迭香叶片革质，较能耐旱，因此栽种的土壤以富含沙质、排水良好较有利于生长发育，值得注意的是迷迭香生长缓慢，因此再生能力不强。迷迭香耐修剪，四季常绿，可作绿篱、色块使用。

二、应用前景

迷迭香作为集观赏用、香料用及药用等为一身的传统植物，不仅可以运用在园林中，还可以应用于食品加工、医疗卫生、美容保健等方面，具有极高的研究意义。

迷迭香可作为香草佐料运用在食品加工中，其植株的花朵、茎、叶有浓厚的芬芳，常常用来烹饪一些肉类，与海产品进行搭配则会起到提升食材鲜味、防腐去腥的效果。从迷迭香枝叶里萃取的抗氧化剂是重要的食品工业原材料，可有效抑制油脂的氧化，使油脂在高温、高压的情况下不易分解，其中酚类物质可对食品起到抗菌保鲜作用，能有效抑制有害微生物的生长。

在医学方面，迷迭香的萃取物还可用于治疗糖尿病、关节炎、肥胖等疾病，而迷迭香中的迷迭香酸、鼠尾草酚和乌苏酸可以降低乳腺癌的发病率。在生物农药方面，迷迭香中含有的单萜类物质能影响害虫的产卵活性，起到杀灭害虫、减少虫口密度的作用，从根本上抑制害虫的生长繁殖。

在园林绿化方面，可用于花坛、绿地片植、丛植、孤植或作为配材用于镶边，亦可用作小绿篱或花篱、色块等。盆栽迷迭香可用于布置办公室案头、接待室茶几、会议室桌面等，具提神健脑、增强记忆力等保健功能；大型盆栽可用于装饰酒店过道等，因其具芳香性，摆放效果优于一般常绿植物。另外，迷迭香也可作为切花和干花用，切取迷迭香新鲜枝条插入花瓶水养观赏，可保持2~3周，干燥后放入衣橱可驱蛀虫，由于它特有的芳香味，是比较理想的切花配材。迷迭香叶经过精油、抗氧化剂等成分的提取后，残留的迷迭香废渣主要含木质纤维和木质素等成分，其晾干后可作为绿色基肥还田，也可作为生物质燃料使用。

第二节　新优品种

迷迭香主要依据观赏性、生物量、精油含量、抗氧化剂含量等进行新优品种筛选。依据观赏性筛选时一般作为园林花卉观赏植物，主要根据花的颜色（如蓝色、粉红色和白色）或生长习性（如直立型和匍匐型）来筛选；依据生物量筛选时则根据叶片与木质化的比例来筛选；依据抗氧化剂含量筛选时则根据鼠尾草酸和迷迭香酸的含量来筛选。目前世界上已发现有200多个栽培品种，花朵颜色有白色、淡紫色、浅粉色和蓝色等。迷迭香经过长期的自然演化和驯化，已形成了丰富的品种和栽培种，并被引种到世界各地，如美国、加拿大、英国、法国和中国等。常见的品种有Albus、Arp、Aureus等30余种，见下表，在生长习性、花色、叶形和枝条的着生状态等方面存在差异。

常见的迷迭香品种

品种/栽培种	形态特征
Albus	花白色
Arp	花淡蓝色，叶片淡绿色
Aureus	叶片有黄色斑纹
Benenden Blue	花蓝色，深绿色叶片

品种/栽培种	形态特征
Blue Boy	花淡蓝色，叶片小
Blue Lady	花蓝紫色，叶针状
Blue Spires	花亮蓝色
Collingwood Ingram	鲜绿色叶片，花蓝色，气味浓郁
Foresteri	花蓝色，耐旱型
Girardus	花蓝色，叶片浓密
Golden Rain	花蓝色，叶片斑驳（叶缘黄色）
Gorizia	花蓝色，针状叶片密被茎上
Hill Hardy	花蓝色，叶片针状
Irene	花浓密、蓝色
Ken Taylor	花深蓝色
Kenneth's Prostate	花蓝色，生长迅速
Lockwood de Forest	花淡紫蓝色，叶片深绿色
Logee's Blue	花蓝色，叶片蓝绿色，呈 S 形
Majorca Pink	花粉红色，针状叶
Miss Jessop's Upright	花蓝色
Mrs. Howards	花小、蓝色，生长迅速
Pine-scented	花蓝色，叶片柔软针状，有松香味
Pinkie	花粉红色
Prostratus	花蓝色
Pyramidalis	花浅蓝色
Rex	花蓝色，叶片深绿色
Roseus	花粉红色
Santa Barbara	花蓝色，耐旱型
Severn Sea	花紫蓝色
Suffolk Blue	花蓝色
Tuscan Blue	花蓝色，极其芳香
White-flowered	花白色，极其芳香

迷迭香根据植株形态可划分为以下 3 类。

1. 直立型迷迭香

【特性】直立生长，株高可达 2.0～2.5 m 或者更高。具健壮茎，成熟后木质化，分枝具有狭长、革质、针状、深绿色叶片，叶片内侧具灰色，叶缘稍反卷。花萼长 4.2～7.0 mm，花冠长 8.5～13.5 mm。植株形态高挑、直立。

【分布】广泛分布在地中海盆地。

【代表种】代表品种有 Hill Hardy、Barbeque、Cisampo、Blaulippe 和 Arp 等。

【应用】叶片较匍匐型迷迭香大，可用作绿篱。

直立型迷迭香

2. 半直立型迷迭香

【特性】株型界于直立和匍匐之间，当其主茎生长到一定阶段后就与地面形成一定的夹角斜向生长，花萼 5 mm，花冠小于 10 mm，株高最高 80 cm，枝条上叶片密生，叶片短而肉质，深绿色有光泽，花冠紫色。

【分布】分布在西班牙巴利阿里群岛。

【代表种】代表品种有 Blue Lady、Blue Lagoon、Fota Blue 和 Farinole 等。

半直立型迷迭香

3. 匍匐型迷迭香

【特性】从幼苗期开始就匍匐于地面向四周生长，株高 20～30 cm，茎硬质，茎上着生密集且狭长的暗绿色叶片，叶片窄而厚，绿色无光泽，其匍匐直径可达 2～3 m 甚至更远。

【代表种】代表品种有 Blue Spires、Capri、Miss Jessop、Haifa、Mrs. Howards、Lockwood de Forest 和 Collingwood Ingram 等。

【应用】匍匐型迷迭香与直立型品种相比不耐寒，生长快，花期长，开花频次多。由于有扭曲及涡旋状的分枝，因此是吊盆及地被植物的优选品种，常常被人们用作地被和岩石园植被。

由于迷迭香花的颜色较为丰富，其可以用于园艺观赏，可作为盆栽植物使用。

匍匐型迷迭香

蓝色迷迭香

根据国际 ISO 标准，迷迭香精油中主要成分相对含量不同，可分为两种化学型，即突尼斯-摩洛哥型（Tunisian and Moroccan type）和西班牙型（Spanish type）。突尼斯-摩洛哥型迷迭香精油主要成分为 1,8-桉叶素，占精油总体积的 38%～55%，而西班牙型迷迭香精油中 α-蒎烯、1,8-桉叶素、樟脑 3 种成分的含量相当，为 12.5%～26.0%。

第三节　高效栽培技术

一、种苗繁殖

迷迭香育苗方式有播种、分株、压条和扦插繁殖 4 种，以扦插繁殖为佳，具有繁殖快速、生根快、成活率高等特点。迷迭香种子发芽困难，两室子房中仅一室能育，多年平均结实率仅为 11.1%，李小川等（2009）报道发芽率最高不超过 35%。因此，目前除引进新品种、杂交育种等采用种子育苗外，生产用种苗一般很少采用播种繁殖，常采用扦插育苗法。露地扦插常在秋冬至翌年早春季节进行，最佳时间在 10—11 月，扦插后 15 d 左右生根，成活率在 90% 以上；温室可全年扦插繁育，成活率在 98% 以上。

1. 播种繁殖

迷迭香种子开始成熟时间各地区不同，同一地区由于各种子成熟时间不一致，需分批及时采收，否则会自动脱落。种子质量较小，种子吸胀后分泌黏液，自然条件下萌发率低、萌发峰值低，萌发时间长，发芽率越高的种子平均发芽时间越长。种子采收后，在 0～10 ℃的冰箱干藏。种子可在春、秋季播种，根据迷迭香种源间差异，春季播种时间宜在 3—6 月，秋季宜在 10—11 月。播种前注意畦面的平整，播种后用细筛筛盖 1 层约 0.5 cm 厚的火烧土，然后用塑料薄膜拱棚覆盖住整个畦面，及时补水。

现多采用种子培育实生苗，播种 15～25 d 后种子发芽。种子发芽后至移植到育苗袋前为小苗期，这一时期需 40～60 d，主要以保持土壤湿润为原则，后半段时期要适当施肥以加快苗木生长。每次施肥后要立即用清水淋洗苗木叶片，以免产生肥害。当小苗长至 4～5 cm 高时即可移植到育苗袋中。移植前小苗至少要进行 10 d 以上的炼苗，移苗最好在 10：00 前和16：00后或阴天进行。一般移植 5～7 d 后苗木开始长出新根，10 d 后即可进行第 1 次施肥，以施 5 g/L 复合肥配成的水溶液较好，每隔 7～10 d 施 1 次。待苗高达 10～15 cm 时即可种植。

迷迭香播种方式育苗存在发芽率低、发芽时间长、实生苗生长缓慢的缺点，且夏季易受病虫危害，苗期分化明显，需多次分级，导致合格苗比例较低，育苗成本高。一般只在引种驯化和新品种选育中采用种子繁殖方法育苗。

2. 组培繁殖

（1）外植体选择及灭菌。目前用于组织培养的迷迭香外植体有 1 年生嫩枝上的叶片、茎尖、茎段等，不同的外植体灭菌处理方法不同。叶片作为外植体时，先用低浓度洗衣粉液浸泡 1 h 后经流水冲洗 1 h，接着用 75％乙醇浸泡 30 s，饱和漂白精溶液浸泡 17 min，无菌水冲洗 3～4 次。茎尖作为外植体时，宜选取温室盆栽迷迭香顶芽，放在自来水中冲洗 30 min，然后用 75％乙醇浸泡 10 s，再用无菌水冲洗 3～4 次，放入 0.1％HgCl$_2$ 溶液浸泡 5 min，其间溶液加 1～2 滴吐温，最后用无菌水冲洗 5～6 次，整个灭菌过程要不断摇动。将灭菌好的材料置于无菌超净工作台备用。茎段作为外植体时，选取生长健壮的枝条，去除叶片，投入低浓度洗衣粉溶液中清洗 2 遍，后用无菌水冲洗数次，然后在 20 mg/L 多菌灵溶液中浸泡 10 min，接着在超净工作台上进行两步灭菌法消毒，即用 0.1％ HgCl$_2$ 溶液分别浸泡3 min 和 2 min，浸泡 3 min 后用无菌水洗 2 次，2 min 浸泡结束用无菌水洗 5 次。将消毒好的材料切成带 2～3 个芽、2～3 cm 长的小段接种于诱导培养基。迷迭香组织培养系统的建立可实现迷迭香工厂化育苗，不仅能取得良好的经济效益，还为其优良材料的扩繁及遗传改良奠定基础。

（2）培养基及培养条件。以 MS 为基本培养基加入 2%～3%蔗糖、0.5%～0.7%琼脂，pH 5.6～5.8，不同培养阶段附加相应的生长素或细胞分裂素，并在增殖和生根阶段设置不同浓度及配比的处理。生长素或细胞分裂素能促进植物的生长发育，但具体的作用和作用部位有所不同。已报道的诱导培养基、增殖培养基及生根培养基配方见下表。

迷迭香组培繁殖培养基配方

外植体	诱导培养基	增殖培养基	生根培养基
茎　段	MS＋4.0 mg/L 6-BA＋0.1 mg/L NAA，MS＋0.2 mg/L BA＋0.01 mg/L IBA，MS＋0.2 mg/L BA＋0.01 mg/L IBA	MS＋3.0 mg/L 6-BA＋0.2 mg/L KT＋0.1 mg/L NAA，3/4 MS＋3%蔗糖＋0.2 mg/L 6-BA＋0.01 mg/L NAA＋150 mL/L CM，MS＋0.5 mg/L 6-BA＋0.01 mg/L NAA，1/2 MS＋0.3 mg/L 6-BA＋0.1 mg/L IBA＋1 g/L 活性炭	1/2 MS＋0.5 mg/L NAA，1/2 MS＋1.5%蔗糖＋1.0 mg/L IBA＋0.5 mg/L NAA＋0.05 mg/L PP333，1/3 MS＋0.5 mg/L IBA＋20 g/L 蔗糖，1/4 MS＋0.1 mg/L IBA＋1 g/L 活性炭
茎　尖	MS＋1.0 mg/L 6-BA＋0.02 mg/L NAA，MS＋0.8 mg/L 6-BA＋0.2 mg/L IAA	MS＋1.0 mg/L 6-BA＋0.02 mg/L NAA，MS＋1.0 mg/L 6-BA＋0.02 mg/L NAA 或 0.2 mg/L IAA	1/2 MS＋0.3～0.4 mg/L IAA，MS＋0.25 mg/L IBA
叶　片	愈伤诱导：MS＋1.5 mg/L TDZ＋0.5 mg/L IAA，MS＋50 g/L 蔗糖＋0.5 mg/L 6-BA＋0.5 mg/L NAA，MS＋1.0 mg/L 6-BA＋0.025 mg/L IAA＋0.1 mg/L NAA	不定芽分化：MS＋4.0 mg/L 6-BA，MS＋1.5 mg/L 6-BA＋0.5 mg/L KT＋0.5 mg/L NAA 　不定芽增殖：MS＋6-0.8 mg/L BA＋0.5 mg/L NAA	MS＋0.1 mg/L NAA，1/2 MS＋0.5 mg/L NAA

注：CM 为椰乳，PP333 为多效唑。

（3）组培苗驯化移栽。将根长 5～6 cm、有 3～4 片叶的试管苗移至炼苗棚 7～10 d。将已生根的瓶苗倒在盛有自来水的大盆里，轻轻洗去基部附着的培养基，注意不要损伤根系和茎叶，否则易引起试管苗腐烂死亡。将洗净的小苗直接移植于红壤土∶沙＝2∶1 或泥炭土∶珍珠岩＝2∶1 的混合消毒基质中，基质用百菌清或 2 g/L 高锰酸钾溶液消毒，浇透定根水，盖上塑料薄膜保湿。移栽 6～10 d 内应适当遮阴，避免阳光直射，并注意少量通风，温度保持在 25～28 ℃，相对湿度80％，10 d 后可逐渐打开塑料薄膜，20 d 后可把塑料薄膜完全打开，一般成活率可达 85％以上，60 d 后可出圃或移到花盆种植。

3. 扦插繁殖

（1）采穗圃的建设。要进行扦插苗的规模生产就必须建立采穗圃。圃地应选择土壤肥沃、黏性小、透气性好，地势平缓，光照充足，排水良好，水源充足，交通方便且便于管理的地块。应选用优良品系的脱毒组培种苗作为母株进行种植，株距 50 cm 左右。采穗母株应长势好、健康、无病虫害、萌枝强。

（2）插穗的选择与处理。迷迭香易于扦插繁殖，顶芽、当年生枝条以及组培苗嫩芽、嫩梢等均可作为扦插繁殖材料。当年生枝条根据其木质化程度又可分为嫩梢、半木质化枝条和木质化枝条。生产应用选择最多的是当年生的半木质化枝条，宜选用长势好、健壮、母株无病虫害、节距短、长度 8～12 cm 的半木质化枝条，较长或肥壮枝条可剪成几段，但要确保每一段有 4 个以上的节。插穗上端留全叶 1～2 片，其余全部抹去，下端剪成斜面马耳形。备好的插穗放入装有清水的容器中，浸泡5～10 min 后用高锰酸钾灭菌消毒，然后用生根粉或生根液浸枝促生根，从剪枝到扦插的时间不宜过长。

（3）扦插苗床准备。扦插苗床应建在背风向阳、地势平坦、靠近水源的地方，最好设置在育苗专用温室中，可采取高床或平床，高床扦插优于平床，能有效抵御病虫害，加大苗床的通风透光。扦插基质应选择透气性好，浇水后不易板结的混合基质或沙质土壤。迷迭香扦插基质目前应用的种类有很多，包括泥炭土和珍珠岩的混合物、草木灰和河沙土的混合物、沙质壤土、珍珠岩和河沙土的混合物、泥炭土和黄心土的混合物、菜园土、泥炭土和河沙土的混合物等。据已有文献报道，不同扦插基质对迷迭香扦插苗生根成活的影响不大，成活率均在90％以上。但通透性好的基质有利于扦插种苗形成优良根系，促进后期生长。在扦插前1天用1 g/L高锰酸钾溶液对苗床、扦插基质、过道及周边环境进行消毒，准备扦插前苗床要淋透水。

（4）扦插时间与方法。迷迭香全年均可进行扦插育苗，即使在较炎热的夏季，生根成活率仍能达到50％以上。影响迷迭香扦插生根的主要外在因素包括空气湿度、环境温度、通风和光照状况。早春可室外扦插，冬季室内扦插最为适宜，但最好在专用温室中开展扦插育苗。不同地区最适合的扦插季节各不相同，云南省和浙江省为春、秋季最佳，贵州南部主要采用短枝扦插繁殖，在秋季进行扦插最佳。在北方，扦插最佳时间是3—4月或10月，而在广州，春季和冬季均适合迷迭香插穗的扦插和生根。扦插应尽量选择在阴天或下午进行，扦插时选择节距短、粗壮的当年生半木质化枝条，枝条长度8～12 cm，一般带2个节，插于消过毒的扦插基质中，扦插深度为枝条的1/4～1/3长，插入土中的深度为3～4 cm，株行距以5 cm×5 cm为宜。扦插前将苗床用水浇湿，插入后要及时浇透水，第1次浇水以喷淋最佳，发现倒苗要及时扶正、固稳。插好后压实，浇足水，盖上薄膜密封保湿。为提高扦插育苗效率，在工厂化育苗中用组织培养技术和扦插技术相结合的方法，即先快速培育出大量的迷迭香组培苗，再切取组培苗的嫩梢进行微扦插育苗，这样提高了生产速度，缩短了育苗周期，并有利于保证小苗质量，是适合于大规模工厂化育苗的新技术。

（5）扦插苗管理及出圃。扦插苗在最初的半个月内，必须每天浇水1次，浇水时间以早晚最佳，阳光强、气温高时要注意遮阴，浇水次数也要适当增加。半个月后，扦插苗开始生根。插穗扦插后每7天喷1次

1 500 倍的百菌清或甲霜灵，喷施 0.2％磷酸二氢钾可增强插穗抵抗力。扦插 10 d 后即可逐渐揭开薄膜，20～25 d 后把薄膜全部揭开。迷迭香抗病虫害能力强，偶发灰霉病、白粉病、茎腐病、蚜虫等，可每隔 1～2 周喷施低浓度广谱性杀菌剂，如百菌清等预防，发现零星感病虫植株时用相应对症药剂喷施，以防扩散感染。

迷迭香扦插育苗留圃时间一般为 80～90 d。待苗木生长健壮、根系发达，苗高达 10 cm 以上时即可出圃移栽。取苗前苗床浇透水，取苗时应用起苗工具，尽量保持扦插基质或土壤附着根系，并捆成小捆以便移栽。从定植后的生根时间、生根率和植株生长状况来看，组培苗嫩梢扦插效果明显优于硬枝扦插苗，提倡采用组培苗嫩梢进行扦插育苗。迷迭香母株随着栽培年限的增加，植株抗病虫能力下降，萌发力减弱，萌发枝长势减弱、病毒含量增加，此时应该更换母株。

4. 压条繁殖

利用迷迭香茎能产生不定根这一特性，将迷迭香接近地面的枝条压弯，使枝条紧贴地面并将土覆盖在枝条基部，枝条中上部露在土壤外。一段时间后，覆盖在土壤下的基部枝条萌生新根系，此时用锋利剪刀将其从母株上剪下，即为压条幼苗。压条繁殖种苗生长时间长、生产种苗有限，故批量生产一般不采用此方法。

二、栽培管理

（一）选地及理墒

种植地选择土层深厚，地势平坦，肥沃，有机质含量高，pH 6.5～7.5 的土壤，种植地需光照充足、排水良好、有水源、交通方便。先平整土地，平整后的种植地块要求排灌方便，整地理墒前先施足腐熟的农家肥 30～40 t/hm²、磷肥 300 kg/hm²。然后进行深翻、耙碎、整平。床土可掺沙，以改善土壤的透气性、透水性，增强传热能力。

（二）种苗定植

苗长至 6～8 片真叶时即可进行定植，选用植株健壮、根系发育良好、无病无损伤的苗木。定植株行距为 40 cm×50 cm 或 50 cm×35 cm。栽植迷迭香最好选择阴天、雨天和早晚阳光不强的时候。缓苗后主茎高 15 cm 时开始摘心以促发侧枝。第 1 年由于生长量较小，株行距过宽，为不浪费地力，可与大豆、花生等豆科作物套种。

（三）田间管理

1. 中耕除草

迷迭香一般每年中耕 2～3 次，时间分别在 3—4 月、7—8 月和 10—11 月，以保持土壤疏松透气、不积水，每次中耕都结合除草、施肥及修剪。除草应根据田间情况及时进行，保持墒面无杂草。

2. 灌溉排水

迷迭香抗旱能力强，怕涝、忌积水。浇水原则为"见干见湿"，一次浇足水后，应待土壤干燥再浇水，否则持续潮湿的环境易使根部窒息，甚至全株死亡。生长季节浇水应根据土壤墒情，一般每 7～10 d 浇水 1 次，中后期结合气候条件和土壤墒情适时灌溉，严禁漫灌和田间积水。

3. 修枝整形

迷迭香种植成活后 3 个月就可修枝，每次修剪时不要超过枝条长度的一半，以免影响植株的再生能力。迷迭香在种植数年后，植株的株型会变得偏斜，应在 10—11 月或 2—3 月从根茎部进行更新修剪。修剪迷迭香一方面可提高其分枝数，增加产量，另一方面可控制迷迭香生长株型，利于大田通风透光，提高光合效率，同时提高其抗风抗倒伏性。

迷迭香冬季修剪

4. 施肥管理

迷迭香不喜欢高肥，在幼苗期根据土壤条件在中耕除草后适当施复合肥，1 个月喷施 1 次专用肥，专用肥主要指生物肥，如施用微量元素螯合剂。每次收割后追施 1 次速效肥，以氮磷肥为主，追肥采取少量多次的原则。在迷迭香 2 个生长高峰前期分别施尿素 150 kg/hm² 和磷肥 30 kg/hm²，采取隔株穴施或行间机械条施方式。

5. 采收

当迷迭香新梢停止生长，叶片变厚，颜色呈深绿，株高 80 cm 以上时即可采收，采收时根据不同用途决定采收时间和方法。用于制作茶叶的采收时间为迷迭香开花时间，采收部位为花和茎尖带嫩叶的部位。用于提取精油的迷迭香最佳采收时间为 10 月左右，采收原则为采老枝，留嫩枝，一般每年可采 3~4 次。迷迭香 1 年栽植可多年采收，每年有 2 次生长高峰，采收时间主要集中于夏、冬季，采收后应及时补水施肥，以为其生长奠定基础。迷迭香生长缓慢，再生能力不强，修剪采收时必须要特别小心，尤其是老枝木质化的速度很快，重度强剪常常导致植株无法再发芽，比较安全的做法是每次修剪时不超过枝条长度的一半。

迷迭香栽培情况

三、病虫害防控

迷迭香抗病虫害能力强，病虫害相对较少。偶发叶部病害主要有灰霉病和白粉病，根部病害主要有根腐病、茎腐病，虫害有蚜虫、白粉虱、蛴螬、小象甲等。

灰霉病可用5%多菌灵烟熏剂或50%腐霉利1 500倍液防治。白粉病选用20%三唑酮乳油2 000倍液防治。根腐病、茎腐病可用50%多菌灵500～800倍液或50%甲基硫菌灵700～1 000倍液进行喷洒，也可用精甲霜灵或精甲·咯菌腈灌根防治。

蚜虫和白粉虱可采用5%吡虫啉2 500倍液和1.5%阿维菌素3 000

倍液喷施防治。蛴螬、小象甲的防治为应注意施用腐熟的有机肥，避免吸引成虫产卵，在生长期中耕除草，并适期灌水以杀灭幼龄害虫；在成虫发生期物理防治为用黑光灯诱杀，化学防治为每亩用 80% 敌百虫可溶性粉剂 100～150 g 与 30 kg 细土混合，播种前撒施于播种沟（穴）内，也可每亩用 2.5% 辛硫磷颗粒剂 2.5～3.0 kg 沟施；发生严重的地块每亩用 48% 毒死蜱乳油 65 mL 或 50% 辛硫磷乳油 50 mL，兑水顺垄灌根，随后浅锄，或每株浇灌 150～250 mL 药液，可杀死根际幼虫。

四、采收与加工

迷迭香属多年生灌木，1 年种植可多年采收，且 1 年可多次采收。需要注意的是，伤口流出的汁液将变为黏胶，在实际去除当中存在困难，需要在采收时穿着长袖服装；建议用枝剪而非双手直接采收枝叶，并且最好戴手套保护双手（欧阳泽怡，2020）。迷迭香花、嫩叶等可加工成茶叶；地上部分可提取迷迭香精油及抗氧化剂等。采收时根据不同用途决定采收时间和方法。作为西餐上的调料时，采收的是幼嫩枝条，夏季每隔 15 d 采收 1 次，冬季 1 个月采收 1 次，采收嫩茎长度为 15 cm，每亩可采 250～500 kg。枝条采收回来后要摘除黄叶、破损叶片，0.5 kg 为 1 捆，用皮筋扎好，放入保温泡沫箱中码齐，每箱放 2 袋冰块保鲜，空运或用冷藏车发给沿海城市的经销商。来不及分装的枝条要及时放入冷库中保鲜，避免脱水萎蔫（章黎黎，2015）。用于制作茶叶的采收时间为迷迭香开花时间，采收部位为花和茎尖带嫩叶的部位，采收后可晾干直接使用或进行适当加工。用于提取精油的迷迭香最佳采收时间为 10 月左右。采收原则为采老枝，留嫩枝。一般每年可采 3～4 次。采收后尽快送入工厂加工，茎叶越新鲜，精油含量越高。可根据工厂加工的能力，错开时间进行采收，以免加工不及时降低产品质量。提取精油后的部分冷冻保存，用于抗氧化剂的提取。如仅提取抗氧化剂，可在采后放于阴凉处风干，注意不能泡水，以免发生霉变（谢阳姣等，2010）。

Chapter 10 第十章

洋甘菊新优品种高效栽培技术

第一节 概　　述

一、生物学特性和生长习性

洋甘菊（*Matricaria chamomilla* L.）为菊科（Asteraceae）母菊属（*Matricaria* L.）的一年生草本植物，全株具香气，在埃及的古文籍中被称为"月亮之花"。洋甘菊茎高 50～80 cm，茎绿色、圆柱形、直立状，茎体光滑且多分枝。下部叶长圆形或倒披针形，长 3～4 cm，二回羽状全裂，无柄，裂片线形，先端具短尖；上部叶卵形或长卵形。头状花序异型，直径 1.0～1.5 cm，在茎枝顶端排成伞房状，花序梗长 3～6 cm；总苞片 2 层，苍绿色，先端钝，边缘白色宽膜质，全缘；舌状花沿边缘 1 列，舌片白色，反折，宽 2.5～3.0 mm；管状花多数，花冠黄色，中部以上扩大，冠檐 5 裂；花果期 5—7 月；瘦果长 0.8～1.0 mm，径约 0.3 mm，淡绿褐色，侧扁，稍弯，顶端斜截，背面圆形凸起，腹面及两侧有 5 条白色细肋，顶端无冠状冠毛（陈又生，2016）。洋甘菊原产于欧洲和亚洲的西部、北部，植株耐寒能力及耐盐能力强，可在多种土壤中正常生长，喜微碱性土壤，生长最适温度为 20～30 ℃。

二、应用前景

洋甘菊味微苦、甘香，可明目、退肝火，治疗失眠，降低血压，增

强活力、提神，增强记忆力，降低胆固醇。可祛痰止咳，有效缓解支气
管炎及气喘，可舒缓头痛、偏头痛或感冒引起的肌肉痛，尤其是因神经
紧张引起的疼痛，对下背部疼痛也很有帮助。可中和胃酸、舒缓神经。
能镇定精神、舒缓情绪，提升睡眠质量，还可改善过敏的皮肤。可治长
期便秘，能消除紧张、眼睛疲劳，可润肺、养生，并可治疗焦虑和紧张
造成的消化不良，对月经痛、肠胃炎都有所助益。洋甘菊茶热饮对感冒
亦有不错的功效。当漱口水可缓解牙痛；加入洗发精内可增加头发光
泽。将冲泡过的冷茶包敷眼睛，可以帮助去除黑眼圈。洋甘菊可治烫伤
及水疱、发炎的伤口，帮助改善湿疹、面疱、疱疹、干癣、超敏感皮肤
及一般的过敏现象。可平复破裂的微血管，增强弹性，对干燥易痒的皮
肤极佳。还可消除浮肿，强化组织，是非常优良的皮肤净化保养品。

洋甘菊可以作为薰衣草的替代品，混合使用按摩或泡浴可改善睡
眠，最好不要连续3～4周都用同种精油，可以定期调换。

第二节　新优品种

洋甘菊为一年生或多年生草本植物，株高 30～50 cm，全株无毛，
有香气。茎直立，上部多分枝。叶二至三回羽状全裂，裂片细条形，顶
端具尖头。花期 4—5 月，头状花序顶生或腋生，直径 1.5～2.0 cm。
外层花冠舌状、白色，内层花冠筒状、黄色。瘦果极小，长圆形或倒卵
形。种子细小，1 克种子有 10 000 多粒。常见栽培品种有洋甘菊、德国
洋甘菊、罗马洋甘菊和摩洛哥洋甘菊。

1. 洋甘菊（*Matricaria chamomilla*）

【特性】一年生草本，全株无毛。茎高 30～40 cm，有沟纹，上部
多分枝。下部叶矩圆形或倒披针形，二回羽状全裂。上部叶卵形或长卵
形。头状花序异型，在茎枝顶端排成伞房状，花序梗长 3～6 cm；总苞
片 2 层，苍绿色，顶端钝，边缘白色宽膜质，全缘；花托长圆锥状，中

空。舌状花1列，舌片白色，反折；管状花多数，花冠黄色。瘦果小，淡绿褐色。

【产地】产于我国新疆北部和西部。生于河谷旷野、田边。北京和上海庭院有栽培，供观赏，上海亦有逸生。欧洲、亚洲北部及西部也有分布。

【花期】5—7月。

【应用】头状花序可以入药，有发汗和镇痉作用。全草含有大量的维生素 A 和维生素 C。

洋甘菊

2. 罗马洋甘菊（*Anthemis tinctoria*）

【特性】多年生草本。茎直立，高 30～60 cm，有条棱，带红色，上部常有伞房状开展的分枝，被白色疏绵毛。叶矩圆形，羽状全裂，裂片矩圆形，有三角状披针形、顶端具小硬尖的篦齿状小裂片，叶轴有锯齿，下面被白色长柔毛。头状花序单生枝端，大，直径达 3～4 cm，有长梗；总苞半球形；总苞片被柔毛或渐脱毛，外层披针形，顶端尖，内层矩圆状条形，顶端钝，边缘干膜质；雌花舌片金黄色；两性花花冠管状，5 齿裂。瘦果四棱形。

【产地】英国。

【应用】罗马洋甘菊精油颜色呈淡黄色或绿色，是最常见的用于护肤品的种类。

3. 摩洛哥洋甘菊（*Ormenis multicaulis*）

摩洛哥洋甘菊不是菊科植物，目前美容界的研究发现，它的香味和罗马洋甘菊非常接近，而且具有抗炎症的效果，因此美肤普及度在日益增加。

罗马洋甘菊

摩洛哥洋甘菊

第三节 高效栽培技术

一、种苗繁殖

（一）组培繁殖

以洋甘菊幼嫩茎段为外植体，最佳灭菌措施为新鲜的嫩茎用无菌水冲洗 30 min，75％乙醇浸泡 10 s，3.5％次氯酸钠浸泡 10 min，诱导率高达 86.7％，污染率低至 13.3％；其愈伤组织诱导的最佳培养基为MS＋1.5mg/L 6-BA＋1.2 mg/L NAA。

（二）种子繁殖

优选头年收获、粒大饱满的种子。播种期一般为 4—5 月。播种前，可用锯末或草末与德国洋甘菊种子按（30∶1）～（100∶1）的比例均匀混合。采用人工撒播方式，使用德国洋甘菊种子为 22.5～37.5 kg/hm²，行间距为 45～65 cm，条状撒播。撒播完后用土轻轻覆盖，避免风将种子吹走。

洋甘菊种子苗

（三）扦插繁殖

选取顶部 5～7 cm 的嫩枝作为插穗，可在春、秋季扦插。

二、栽培管理

（一）选地

土壤要求为肥沃、疏松、排水良好、无杂草的弱酸性至中性沙壤土（pH 6.5～8.4）。前茬作物以种植过甜菜、马铃薯、豆类和谷类作物为优。种植地要求无污染，符合《环境空气质量标准》（GB 3095—2012）二级或以上，即大气质量指数Ⅱ为 0.6～1.0。

种植地有可供灌溉的水源及设施，优先选择具有喷灌、滴灌等节水灌溉系统的种植地，要求水质无污染。在德国洋甘菊种植地周围 10 km 范围内无产生污染的工矿企业，无"三废"污染，无垃圾场等污染源。

洋甘菊生长发育的下限温度≥10 ℃，有效积温要求 3 200 ℃以上，无霜期要求 155 d 以上。

（二）整地

播种期土壤应适当平整及碾压。在播种前应将前茬作物残株覆盖到地下中等深度（18～22 cm），土地需处理至土壤平坦、无结块。

（三）田间管理

1. 除草

在 5 月底，德国洋甘菊出苗整齐后，采用机械进行中耕除草 1 次。出苗整齐至成长期、采收期，因德国洋甘菊对杂草有很强的生长竞争能力，可适当减少除草次数，采用人工除草，每年不得少于 3 次人工除草。禁止使用除草剂。

2. 肥水管理

幼苗期追施 1 次腐熟农家肥水或有机肥水，共施用腐熟农家肥

450 kg/hm² 或有机肥 225 kg/hm²。采收期前追施 1 次有机肥,共施用有机肥 375 kg/hm²。

播种后浇水 1 次,土壤干燥应立即浇水,保持幼苗出土前地面湿润。成长期、采收期可根据土壤湿度适时浇水。

洋甘菊营养生长期　　　　洋甘菊现蕾期　　　　洋甘菊开花期

洋甘菊栽培情况

三、病虫害防控

洋甘菊病虫害发生较少，虫害主要是一些蛴螬、金龟子等，可在播种后每 3.33 hm² 安装 1 盏黑光灯诱杀成虫。

四、采收与加工

（一）采收期

洋甘菊的采收期为 6—10 月。洋甘菊可以作为切花采收，采收的切花见下图。

洋甘菊切花

（二）采收与现场加工

选择晴天，手工或使用专用采摘工具采摘洋甘菊头状花序。及时将采摘后的洋甘菊头状花序在田间铺平，晾晒 4 h 后，收回集中晾晒。收回的洋甘菊头状花序进行 3～4 d 的自然阴干，厚度在 8 cm，每半小时翻动一次，至头状花序拨开中间不软时，装袋贮藏。

（三）采收后田间清理

采收后要彻底清除田间的洋甘菊茎叶，可与有机肥（约 60 kg）一并翻入地下 15～20 cm。

Chapter 11 第十一章
鸢尾新优品种高效栽培技术

第一节 概　　述

一、生物学特性和生长习性

鸢尾（*Iris tectorum*）是鸢尾科（Iridaceae）鸢尾属（*Iris* L.）多年生草本花卉，其适应性强，包括从水生、陆生至旱生的各种生态型。

（一）德国鸢尾、香根鸢尾生物学特性和生长习性

德国鸢尾和香根鸢尾都是国外庭院绿化中常见的宿根花卉之一，花大色艳、花型奇特、姿态优美。花茎高可达 90 cm，多分枝。叶长 30～70 cm，宽 20～35 cm，略带灰绿色，直立。花色丰富，有白色、淡红色、黄色、蓝紫色、橙色、玫红色、深红色等，还有复色品种，具香气。花期 4—5 月。德国鸢尾喜凉爽环境，生长适温为 14～28 ℃。耐寒性较强，在我国北方大部分地区可露地越冬，越冬温度不宜低于 −10 ℃。花后地下茎有短暂的休眠期，霜后叶片枯萎。喜阳光充足的环境，稍耐阴。适宜在排水良好的沙壤土中生长，稍耐旱，水分过多时会引起根腐病。

德国鸢尾和香根鸢尾的花茎（茎秆）直接从前一年新形成的根状茎上抽生，一段根茎只能开花 1 次，开过花的根状茎不可能再次形成花芽，原有根状茎内的多余储藏营养主要用于在其上新形成的根状茎的生长发育。通常在夏末，新的根状茎发育成熟，清晰可见。德国鸢尾花期主要在 4 月上旬至 5 月上旬，花期过后鸢尾进入快速的活跃生长期，持

续至盛夏甚至夏末，然后植株进入半休眠期。秋季天气逐渐凉爽时，新形成的根状茎继续发育，至深秋停止。有些品种在秋季气温下降至与春季开花的气温相同时，又可再次开花至深秋，然后结束生长。

（二）荷兰鸢尾生物学特性和生长习性

荷兰鸢尾喜凉爽气候，耐寒不耐热，适宜冬季温暖、空气湿度较高的环境条件。要求土层深厚、富含有机质、排水性好、疏松透气、肥沃的中性至微酸性土壤，且以沙质壤土栽培效果最好，其透气透水性好，有利于荷兰鸢尾球茎根系扩展。荷兰鸢尾是盐分敏感植物，灌溉水的盐分应尽可能低，EC 值应小于 0.5 mS/cm，氯含量在 200 mg/L 以下，pH 6～7。

荷兰鸢尾生育适温的幅度较宽，在 20～25 ℃易开花，遇25 ℃以上高温则花芽枯死，能耐 0 ℃低温，但遇 -3～-2 ℃花芽会受害枯死。花芽并非在球根中分化，而是球根定植后，植株伸长 2～3 cm 时于冬季分化，到入春后抽薹而开花。在母球基部附生子球。6 月随着地上部分的枯死，球根暂时进入休眠状态。

（三）路易斯安那鸢尾生物学特性和生长习性

路易斯安那鸢尾属于根茎类鸢尾中的无须鸢尾类，主要生长在沼泽与湿地，虽然在旱地也能生长，但生长状态比水生差，原产于美国东南部。

路易斯安那鸢尾喜光照充足的环境，能常年生长在 20 cm 深的浅水中，特别适应冷凉性气候，在 -9 ℃的低温条件下，叶片仍能保持常绿。夏季高温时停止生长，叶片略显黄绿色，35 ℃以上进入休眠，抗高温能力较弱（仇恒佳等，2014）。在长江流域一带，其在 11 月至翌年 4 月分蘖，4 月孕蕾并抽出花莛，5 月开花，花期 20 d 左右。

（四）西伯利亚鸢尾生物学特性和生长习性

西伯利亚鸢尾既耐寒又耐热，在浅水、湿地、林荫、旱地均能良好生长，而且抗病性强，是鸢尾属中适应性较强的一种鸢尾。

二、应用前景

鸢尾类花卉具有很高的观赏价值，其花色鲜艳，栽培容易，且春季萌发早，绿叶成丛，极为美观。园林中多丛植或栽植于花境、路旁，其花卉具有叶色优美、花枝挺拔的特点。根据地段进行种植时，选择花色、花期以及株高等各不相同的鸢尾与观赏草进行搭配，也可以选择其他种类花卉。

香根鸢尾是制作精油香水的重要花卉之一。由香根鸢尾制作的香水非常独特，闻起来有一种轻灵的感觉，备受许多年轻人的喜爱。香根鸢尾可以说是世界上最贵的香料之一，一些比较好的香根鸢尾根原材料可以卖出 5 万美元的天价。经过化学发酵，香根鸢尾根中能够分泌出鸢尾酮，这正是香根鸢尾香味的来源。天然的香根鸢尾香精非常难获得，13 t 的香根鸢尾花根需要 5～6 年的精心炮制才能提取出 1 kg 的香精成品。因此，香根鸢尾应用前景广阔。

第二节 新优品种

鸢尾属有 6 个亚属，分别为鸡冠状附属物亚属（Subgen. *Crossiris* Spach）、须毛状附属物亚属（Subgen. *Iris*）、无附属物亚属 [Subgen. *Limniris*（Tausch）Spach]、尼泊尔鸢尾亚属 [Subgen. *Nepalensis*（Dykes）Lawr.]、野鸢尾亚属 [Subgen. *Pardanthopsis*（Hance）Baker]、琴瓣鸢尾亚属 [Subgen. *Xyridion*（Tausch）Spach]。鸡冠状附属物亚属有鸡冠状附属物组（Sect. *Crossiris* Spach）和小鸢尾组（Sect. *Lophiris* Tausch）。鸢尾（*Iris tectorum*）就是鸡冠状附属物组里的种。须毛状附属物亚属有果实侧裂组 [Sect. *Hexapogon*（Bunge）Baker] 和果实顶裂组（Sect. *Iris*）。德国鸢尾（*Iris germanica*）和香根鸢尾（*Iris pallida*）就是果实顶裂组的 2 个种。无附属物亚属有紫苞鸢尾组（Sect. *Ioniris* Spach）、无附属物组（Sect. *Limniris* Tausch）和单苞鸢尾组（Sect. *Ophioiris* Y. T. Zhao）。西伯利亚鸢尾（*Iris sibirica*）就是

无附属物组的 1 个种。各鸢尾主要新优品种见下表。

各鸢尾主要新优品种

类型	品种名	特征
德国鸢尾	Cooper	复色系列，外瓣白色，内瓣黄色，中肋基部被紫色须毛
	Batik	经典的白色系，有淡香味
	Gold Fringe	黄色系花
	Red Yellow	复色系列，外瓣红色，内瓣黄色
	Brown Lasso	紫红色花
	On Edge	白色花
	Rustic Ceddar	复色系列，外瓣深红色，内瓣粉色
	Black Dragon	紫色花瓣
	Lilac	外瓣深紫色，内部淡紫色
	Timescape	花瓣纯白色
	Black	花瓣深紫色
	Sultans Palace	复色系列，外瓣深红色，内瓣黄色
	Dept of Field	花瓣深粉色
	Pink	花瓣淡粉色
	Skating Party	花瓣黄色
香根鸢尾	香根鸢尾紫色	花紫色
	香根鸢尾粉色	花粉色
	香根鸢尾复色	花复色，外瓣棕红色，内瓣黄色
	香根鸢尾黄色	花黄色
荷兰鸢尾	玉 蝶	从 60Co-γ 射线辐照品种展翅种球种植后群体中，经花色变异单株选择、鉴定和花色等性状稳定性与一致性观测及多代无性系繁殖等手段选育出的品种。花蝶形辐射对称，两轮排列，白色
	紫 韵	从 60Co-γ 射线辐照品种展翅种球种植后群体中，经花色变异单株选择、鉴定和花色等性状稳定性与一致性观测及多代无性系繁殖等手段选育出的品种。花蝶形辐射对称，两轮排列，深蓝紫色
	蓝 魔 (Blue Magic)	花蓝紫色

类型	品种名	特征
荷兰鸢尾	蓝宝石（Blue Diamond）	花蓝紫色
	阿波罗（Apollo）	花黄色
	金皇后（Yellow Queen）	花黄色
	卡萨布兰卡（Casablanca）	花白色
路易斯安那鸢尾	巴拉塔里亚	该品种为进口品种，粉色，垂瓣基部带黄色条纹。株高70～120 cm，盛花期5月初至6月初，分蘖较多，繁殖率较高
	帕姆	该品种为进口品种，深紫色，垂瓣基部带黄绿色条纹。株高70～120 cm，盛花期5月初至6月初，分蘖较多，繁殖率较高
	现在与永远	该品种为进口品种，淡紫色，垂瓣基部带黄色条纹。株高70～120 cm，盛花期5月初至6月初，分蘖较多，繁殖率较高
	红瑞特	该品种为进口品种，红色，垂瓣基部带黄色条纹。株高70～120 cm，盛花期5月初至6月初，分蘖较多，繁殖率较高
	冰蓝	该品种为进口品种，淡黄色。株高70～120 cm，盛花期5月初至6月初，分蘖较多，繁殖率较高
	劳拉	该品种为进口品种，淡黄色。株高70～120 cm，盛花期5月初至6月初，分蘖较多，繁殖率较高
	白色恋人	该品种为进口品种，白色。株高70～120 cm，盛花期5月初至6月初，分蘖较多，繁殖率较高
	尼汝教授	该品种为进口品种，红色。株高70～120 cm，盛花期5月初至6月初，分蘖较多，繁殖率较高
	缤纷	该品种为进口品种，复色，外瓣紫色，内瓣白色。株高70～120 cm，盛花期5月初至6月初，分蘖较多，繁殖率较高
	浅子星	该品种为进口品种，浅紫色。株高70～120 cm，盛花期5月初至6月初，分蘖较多，繁殖率较高
	黑夜骑士	该品种为进口品种，深紫色。株高70～120 cm，盛花期5月初至6月初，分蘖较多，繁殖率较高

（续）

类型	品种名	特征
路易斯安那鸢尾	紫霞	该品种由苏州农业职业技术学院于 2007 年育成，属地被、盆栽类观叶和观花型鸢尾品种。常绿，冬季不休眠，适宜水生栽培，也可旱地栽植。植株高 55 cm 左右，冠幅近 40 cm。地下具有扁圆形棍棒状的根茎。花单生，单瓣，花色为石南紫，直径约 13 cm，呈蝎尾状聚伞花序，花葶长 65 cm，高于叶，共 4～6 朵。单花寿命 2～3 d，花序花期 12～15 d。栽植期以春、秋两季为主。秋季 9—10 月种植，更有利于第 2 年春季开花（朱旭东等，2007）
	樱桃红	该品种由江苏省园艺工程研究开发中心从用引进的路易斯安那州野生种鸢尾作亲本的园艺种杂种中选出。该品种鲜红色，垂瓣基部带金黄色条纹。株高 70～100 cm，盛花期 5 月初至 6 月初，分蘖较多，繁殖率较高（朱旭东等，2007）
西伯利亚鸢尾	黄油与糖	该品种为进口品种，复色，外瓣浅黄色，内瓣白色
	震撼	该品种是由 B. Hollingworth 培育获得的四倍体品种，其为花瓣褶皱、水平展开、花柱宽阔的重瓣型品种，复色，外瓣紫白相间，内瓣紫色
	艾米丽·安妮	该品种为四倍体品种，其内轮花被片竖直向上，花大，复色，外瓣紫白相间，内瓣紫色
	On Mulberry Street	该品种为四倍体品种，花柱裂片有褶饰花边，花柱为浅紫色，花被片为深紫色
	Petalicious	该品种为牡丹花型的西伯利亚鸢尾品种，花浅蓝色
	Double Play	该品种为牡丹花型的西伯利亚鸢尾品种，花白色
	Kaboom	该品种为四倍体西伯利亚鸢尾品种，牡丹花型，花深蓝紫色，具有白色斑纹
	Kabluey	该品种为牡丹花型品种，花紫色
	Uzushio	该品种为牡丹花型西伯利亚鸢尾品种，具有 12～18 枚花瓣，花紫色
	纯粹的奉承（Pure Flattery）	该品种为浅紫色重瓣品种

类型	品种名	特征
西伯利亚鸢尾	朱尼珀·利 （Juniper Leigh）	该品种为复色品种，金色的脉纹散布在整个花瓣上
	苹果小姐 （Miss Apple）	该品种为复色品种，外瓣为紫红色，具有金色脉纹
	梵高（So Van Gogh）	该品种为黄、蓝复色品种，花小，但花量巨大
	你好黄色 （Hello Yellow）	该品种为黄、白复色品种
	花笔记 （Floral Notes）	该品种为粉紫色品种，基部有黄色脉纹
	阿卡低语 （Aqua Whispers）	该品种为粉紫色品种，花瓣较少
	芭蕾舞 （Dance Ballerina Dance）	该品种为四倍体粉紫色品种，基部有黄色斑纹
	粉色薄雾 （Pink Haze）	该品种为粉紫色品种
	冰酒 （Chilled Wine）	该品种为酒红色品种

Cooper

Batik

Gold Fringe

Red Yellow

Brown Lasso

On Edge

Rustic Ceddar

Black Dragon

Lilac

Timescape

Black

Sultans Palace

Dept of Field

Pink

Skating Party

香根鸢尾紫色

香根鸢尾粉色

香根鸢尾橘色

香根鸢尾黄色

巴拉塔里亚

梦留到永远

红瑞特

冰蓝

白色恋人

尼汝教授

缤纷

浅子星

黑夜骑士

清月

西伯利亚鸢尾

芳香植物新优品种高效栽培技术

黄油与糖

震　撼

艾米丽·安妮

On Mulberry Street

Petalicious

Double Play

Aromat...

Kaboom

Kabluey

Uzushio

Pure Flattery

Juniper Leigh

Miss Apple

So Van Gogh

Hello Yellow

Floral Notes

Aqua Whispers

Dance Ballerina Dance

Chilled Wine

第三节　高效栽培技术

一、德国鸢尾和香根鸢尾高效栽培技术

（一）种苗繁殖

目前生产上德国鸢尾的种苗繁殖方式常见的主要有分株繁殖和组培繁殖，种子繁殖较少见。

1. 分株繁殖

当根状茎长大时就可进行分株繁殖，一般每 3 年分株 1 次。可在春季花后 1～2 周或初秋进行。分株前剪去残花梗，截断叶丛的 1/2～2/3，以减少叶片水分蒸腾。然后将整墩母株的根茎挖出，并切成段，每段带 2～3 个芽及下部旺盛生长的新根，并将茎端的老根清除，以利发生新根。将地上部分的叶片修剪成侧 V 形，保留 1/3～1/2。根状茎切口需蘸草木灰、硫黄粉或杀菌剂，稍晾干后栽种，以防病菌感染。大量繁殖时，可将分割

分株繁殖

的根茎扦插于 20 ℃的湿沙中，促进根茎萌发不定芽。新分栽的株丛应进行适当遮阴，以减少水分蒸发，栽植 2～3 周后及时去掉遮阴物，促其正常生长。特别是在植株分栽后至生根前，要控制浇水和避免雨水，否则分株栽培时形成的伤口极易被细菌侵入，导致根部腐烂。

2. 组培繁殖

德国鸢尾和香根鸢尾组培繁殖常用的外植体有茎尖、根尖、侧芽、花器（花苞、花梗、花茎、花蕾、花粉、子房、胚珠、花瓣等）、种子和胚（休眠胚和杂种胚）等。

外植体用洗衣粉水清洗干净后，先用 75% 乙醇浸泡 1 s，随后再用 0.1% 升汞消毒 10～20 min，再用无菌水冲洗 5 次，之后将灭菌后的香根鸢尾根茎嫩芽外植体接种于 MS＋1.0～2.0 mg/L 6-BA＋0.2～0.5 mg/L NAA 培养基中进行诱导。每天光照 12 h，光照强度为 1 600～2 000 lx，培养温度为 24～28 ℃。诱导出芽后再进行继代培养，待培养至一定的基数后再接种于 1/2 MS＋0.1～0.3 mg/L NAA 培养基中进行生根培养。每天光照 12 h，光照强度为 3 000～5 000 lx，培养温度为 24～28 ℃。生根率达 100%，植株平均生根条数为 7 条，植株长势健壮。将生根苗移栽至育苗袋中，按常规方法进行浇水、施肥管理，生长 40 d 后，即得组培驯化苗。

组培繁殖

3. 种子繁殖

种子成熟后即播种，不宜干藏。播后需 4～6 周发芽，实生苗需培养 2 年才能开花。催芽可在种子成熟后，浸种 24 h，再冷藏 10 d，播于冷床中，当年秋季即可发芽。若种子已干，需经低温沙藏 50 d 再播种，发芽不整齐。

（二）栽培管理

1. 选地整地

选择向阳或每天不少于 8 h 的光照地段，通风要良好，土壤为较疏松的沙壤土或轻壤土。若栽植地土壤较潮湿，则需加入适量的粗沙或腐叶土进行土壤改良，栽植地段应排水良好，高畦或高垄种植。德国鸢尾对土壤 pH 要求不严，在 pH 6～8 的土壤上均可正常生长，但在中性至微碱性土壤（pH 7.0～7.2）上生长最好。对于酸性土壤，可加入适量石灰粉将土壤调至中性，碱性强的土壤可加入适量的腐殖酸土或醋糠调至微碱性或中性。

栽植前施用骨粉或过磷酸钙作基肥，在整地前均匀翻入土中，用量约 50 g/m²。栽植株行距因植株高矮与冠幅大小而异，株距 15～40 cm，行距 20～60 cm。

2. 移栽

德国鸢尾在生长季节基本都可进行移栽，但最佳移栽时间在春季花后 1～2 周或初秋，应在根状茎再次由半休眠状态转至开始生长前进行，栽植时要适当浅植。栽后根茎要压紧，埋土不宜过深，根茎顶部应露出土面。栽后浇 1 次透水，以后根据土壤墒情补充水分，一般以土壤略干为宜，否则易引起根茎腐烂。

3. 水肥管理

春季干旱地区，萌芽生长至开花阶段应保持土壤适度潮湿，以保证花、叶迅速生长发育对水的需求。移栽后，前期一般 15 d 浇 1 次水，后期可适当延长，间隔 20～25 d 浇 1 次即可。浇水次数不可过多，否则易使根部细菌滋生，导致烂根。花后可不必特殊供水，多雨季节更要注意排水，以免导致根茎腐烂。冬季温度较低的地区，上冻前要浇足水，以保证翌年春季萌芽及生长。

生长期进行两次追肥，春、秋季各 1 次；施用量为 60 g/m²。春季按骨粉：过磷酸钙：硫酸钾：硫酸铵＝4：2：1：1 的比例混合后作追肥；秋季按骨粉：过磷酸钙：硫酸钾＝4：2：1 的比例混合后作追肥。施肥后将肥料轻轻耙入土壤，注意不要过深，以免伤及根系。分栽的每段根状茎经过细心栽培，第 2 年应形成 1 个带 6～8 朵花的花序，每朵花在自然状态下的寿命为 3～4 d。花期约可持续 1 个月。

香根鸢尾种植情况

（三）病虫害防控

德国鸢尾常见病害有细菌性软腐病、细菌性叶斑病和茎腐病等。虫害有蛴螬、金龟子、金针虫等。

1. 细菌性软腐病

染病植株最初叶片先端出现水渍状条纹，逐渐黄化、干枯，根茎部位水渍状，球茎组织发生糊状腐烂，初为灰白色，后呈灰褐色，有时留下一完整的外壳，腐烂的球茎或根状茎具有恶臭气味。防治措施：喷洒杀菌剂防治鸢尾钻心虫的危害，降低发病率；及时剪除病叶或拔除病株销毁，彻底清除腐烂的球茎；对病害严重的土壤可用 0.5％甲醛 10 g/m² 进行消毒后再种植，或更换新土；发病期可用硫酸链霉素 1 000 倍液进行药物防治，每月喷洒 1 次。

2. 细菌性叶斑病

发病初期叶片上有褪绿斑，起初为不规则的半透明斑点，若遇连续阴雨，病斑很快布满全叶，发病严重时病斑正面会有少量霉层。防治措施：减少侵染来源，摘除并销毁病叶及其他带病组织；发病期可喷洒 70％甲基硫菌灵可湿性粉剂 1 000 倍液或 1％等量式波尔多液，10～15 d 1 次，连喷 3～4 次。

3. 茎腐病

茎腐病多发生在球茎基部，可逐渐向上蔓延，初期产生水渍状暗灰色或黄褐色病斑，并逐渐软腐，后期茎肉组织腐烂失水，剩下一层干缩的外皮，或病部组织腐烂后仅髓部残留，最后全株死亡。防治措施：及时清除病株及杂草枝叶；可用 50％多菌灵 800 倍液浸根防治或 70％甲基硫菌灵 800 倍液涂抹病斑。

4. 金针虫

3 月中下旬钻食幼苗根基，造成幼苗干枯死亡。防治措施：秋寒季节清除杂草及带病植株，消灭越冬卵；可用 90％敌百虫晶体 1 000 倍液灌根。

5. 金龟子

3 月中下旬幼虫咬断幼苗根茎或危害嫩芽、嫩叶，成虫主要危害叶片和花朵，尤以白色、黄色花受害严重。防治措施：幼虫发生盛期可用 40％乐果乳油 500 倍液喷洒叶面；成虫可用荧光灯诱杀或毒饵诱杀，清晨捕杀。

6. 蛴螬、线虫等地下害虫

蛴螬、线虫等地下害虫通过危害根状茎造成伤口，可加速病菌的侵害。防治措施：春季在植物开始生长时，可选用3％克百威颗粒剂或15％涕灭威颗粒剂撒施在土壤表面或易受地下害虫危害的植株周围，减少病菌侵染的机会。

（四）采收与加工

1. 采收

采收香根鸢尾的根，清洗后切片晾干。

切　片

2. 鸢尾的提取加工技术

晾干的香根鸢尾根主要用于鸢尾酮的提取，可采用的方法主要有以下几种。

（1）索氏提取法。采用索氏提取法从鸢尾根中提取鸢尾酮，液料比为4∶1，提取90 min，鸢尾酮浸膏提取率为5.33％，浸膏中α-鸢尾酮和γ-鸢尾酮的质量百分率分别为0.809 9％和4.166 5％，香气纯正。

（2）微波辅助提取法。采用微波辅助法提取鸢尾酮，液料比为

4∶1，萃取时间 3.3 min，鸢尾酮浸膏提取率为 14.0%，浸膏中 α-鸢尾酮和 γ-鸢尾酮的质量百分率分别为 0.784 4% 和 4.183 4%，香气纯正，提取时间较索氏提取法大大缩短。

（3）超临界 CO_2 提取法。超临界 CO_2 提取技术在提取挥发油方面具有无溶剂残留、提取率高的特点。萃取压力为 26.0 MPa，萃取温度为 55.0 ℃，萃取时间为 2.5 h，鸢尾油提取率为 12.71%，其中鸢尾酮含量为 39.95%，与索氏提取法和微波辅助提取法相比，提取率高且产品质量好，但提取成本高。

（4）生物合成法。采用生物合成法制备鸢尾酮与提取法相比缩短了鸢尾植物形成鸢尾酮的时间，能在温和的条件下制备鸢尾酮，但是采用生物合成法较难筛选稳定的菌种，尚难实现产业化。

二、荷兰鸢尾高效栽培技术

（一）种球繁殖

1. 子球繁殖

选取露地栽培生长旺盛、无病虫害、直径 2～3 cm 的荷兰鸢尾鳞茎，用自来水洗净泥土，以基盘为准用刀切去叶片和须根，再用洗衣粉水浸泡清洗，用自来水冲洗干净，然后置于超净台上，用 75% 乙醇浸泡 10 s 后，再用 0.1% 升汞溶液消毒 5～10 min，最后用无菌水浸泡 10～15 min。材料取出后放置于无菌滤纸上，吸去多余水分，然后将鳞片均分为基部、中部、上部，切成不同大小的外植体块，接种在准备好的培养基上。以 MS 为基本培养基；琼脂 0.6%～0.7%，pH 5.3～5.6，培养温度（22±2）℃，光照 12 h。分化和增殖培养基为 1.0～2.0 mg/L BA＋0.2～0.5 mg/L NAA；生根培养基为 0.2～0.5 mg/L NAA。生根后不经炼苗直接移植到泥炭∶田土∶河沙＝1∶1∶1（体积比）的基质中。大约 1 年内形成小子球（黄苏珍等，1999）。

2. 商品球繁殖

（1）子球选择。选用外观发育良好、充实饱满、基盘完好、无病虫害的健康子球种植，这样才能保证生产出优质的开花球。

（2）子球消毒。种植前应对子球进行消毒，先用清水冲洗干净，放入1∶500的多菌灵溶液中浸泡30 min，取出并用清水冲洗子球残留药液，晾干后备用。

（3）种植前准备。

基肥：在土壤消毒前施入充分腐熟的有机肥，并均匀深翻30 cm，有效改良土壤。一般每亩施用3 t。有机肥的来源最好是牛粪，慎用鸡粪，因鸡粪含盐量较高。

土壤消毒：荷兰鸢尾对栽培基质及环境中的病毒十分敏感，忌连作，种植前应做好土地整理，并彻底进行土壤消毒。消毒最好于早秋进行，在浇水6 d后，当土壤含水量为50%～60%时把多菌灵原药粉撒入土壤进行消毒，每平方米用8～10 g，与耕作层土壤混合均匀，用塑料薄膜覆盖并压实四周。7～10 d后，揭膜通风透气，待残留气体完全消散即可种植。

整地与作畦：在种植前1个月翻耕土地，深约30 cm，充分粉碎土块，再将土壤整平，然后作畦。畦宽100 cm、高25 cm，沟宽30～40 cm，畦的长度依地势而定。对于面积大的田地，需另挖辅助排水沟，以利田间排水畅通。

（4）种植。

种植时间：一般多在10月中旬至11月上旬种植，若平均气温超过23 ℃，则推迟种植时间。

种植深度：子球种植深度影响球茎的发育，一般宜控制在球茎高度的3倍左右。可采用沟栽方法，先在苗床上耙出10 cm左右深的种植沟，将子球放入沟中，摆放端正，芽尖朝上，再用土覆盖，厚度以子球顶部到地表5～7 cm为宜，不宜压得过于紧实，同时整平畦面。

种植密度：种植密度依据子球大小而定。子球周径 7 cm 左右，要适当加大株行距，以每平方米（下同）100～120 个为宜；周径 5.0、6.0 cm，保证 120～140 个；周径 3.0、4.0 cm，可直接进行条播，以140～160 个为宜。

浇水：种植时必须确保土壤保持湿润状态，种完后当天需浇水，要浇透且均匀，使子球与土壤充分接触，以利种球根系生长。浇水后可用稻草覆盖 3～5 cm 厚，以保持畦面湿润，加快出苗。

标识：种植后在标牌上写上品种名称、规格、种植时间、种植人员等信息。

（5）田间管理。

温度与光照：荷兰鸢尾生长适温白天在 13～18 ℃、夜晚在 10 ℃ 以上。温度超出 25 ℃ 会严重影响球茎发育，低于 5 ℃ 生长近于停滞。因此，应保持相对稳定的温度范围，以满足其生长需求，延长植株营养生长期。荷兰鸢尾性喜光照充足、通风透气的环境，光线不足易造成植株软弱，不利于球茎养分转运。

湿度：缺水或水分过多都会阻碍植株生长发育，使植株矮小瘦弱，造成球茎发育不良。在生长前期灌水不可过多，若土壤过于潮湿，易使球茎腐烂。在生长旺盛期适当增加浇水量，避免土壤过于干燥。在管理过程中，保持土壤湿润，见干即浇，晴天5～7 d 浇 1 次水，雨天注意排水，严防积水。空气湿度宜控制在 70％～80％，且要求栽培条件相对稳定。

施肥：荷兰鸢尾在苗期长至 2、3 片叶时，可每亩施尿素 12 kg，10 d 施 1 次，连续施 3 次；在 4、5 片叶时，每亩追施复合肥 15 kg，10 d 施 1 次，连续施 3 次；在 6、7 片叶时追施壮球肥，用种球膨大素3 000 倍液加磷酸二氢钾 750 倍液叶面喷施，10 d 喷 1 次，喷施 3 次。在生长过程中还可配合其他叶面施肥，补铁可用螯合铁1 000倍液或含腐殖酸水溶肥料 600 倍液喷施，7 d 喷 1 次，喷施 2 次；补充硼、镁及钼可用硼镁肥 750 倍液加钼酸钠 1 000 倍液，10 d 喷 1 次，喷施

2次。

摘蕾：子球周径 7 cm 规格的，若部分植株长出瘦弱的花茎，应在花苞明显膨大时及时摘除花蕾，以在晴天中午前后进行为好。

（6）种球采收。

采收时期：在 5 月中旬，待植株地上部分的茎叶开始自然枯黄时即可采收。采收前应控制好田间土壤水分，保持适当干燥。选择在晴天进行采挖，按畦逐行翻土，防止挖伤种球，有损伤的种球及时拣出。

分级：种球采收后，不宜立即把子球和根系剥离，以免造成伤口引起种球腐烂，应在阴凉干燥处充分晾干后把子球分离，整理去掉枯根以及杂质。种球一般依照围径、饱满度和病虫害来划分等级，目前在国内基本按照种球周径大小进行分级，可分为一级球（周径 10.0 cm 以上）、二级球（周径 9.0～10.0 cm）、三级球（周径 8.0～9.0 cm）、等外球（周径 8.0 cm 以下，可作为繁殖材料的子球），周径 9.0 cm 为二级球。

包装和贮藏：分级后按不同等级包装，用长×宽×高为 60 cm×40 cm×23 cm 规格的塑料筐。每筐按不同等级（一级球 600 粒或二级球 700 粒或三级球 800 粒）装箱。再用木板将筐口卡好，在筐的侧面贴上标签，室温存放备用。

（7）冷藏处理。

冷库消毒：荷兰鸢尾种球放入冷库前，需对冷库进行清扫、冲洗，并用 0.5% 高锰酸钾溶液均匀喷洒消毒。

冷藏方法：在自然条件下，荷兰鸢尾种球需经过 7、8 月的高温后休眠才会解除。促成栽培时，种球必须预先打破休眠并经过人工低温处理完成花芽分化才能提前开花。可采用分段降温方法逐渐降低冷藏温度。首先于 12 ℃的环境下处理 1 周，然后下调至 10 ℃处理 1 周，最后下调至 8 ℃继续再冷藏几周。冷藏时间的长短依品种和开花期不同而有差异，一般冷藏 5～9 周就能达到比较理想的处理效果。冷藏到期后，种球即可达到商品切花种植要求（林兵等，2016）。

（二）栽培管理

1. 土壤选择

宜选择透气透水良好、富含有机质的沙壤土，以利于鸢尾根系的扩展。

2. 土壤消毒

在熏蒸土壤前将上茬作物的秸秆、根茎等清洁干净，同时施入基肥。要求土壤含水量达到田间持水量的 $50\%\sim60\%$，若土壤干燥，可在清园后灌水，并保湿 $4\sim5$ d，用小型旋耕机翻松土壤并将土块打碎，做到土细、无大块。

3. 整地

在种植前 1 个月翻耕土地，深约 30 cm，充分粉碎土块，再将土壤整平，然后作畦。畦宽 100 cm、高 25 cm，沟宽 $30\sim40$ cm，畦的长度依地势而定。对于面积大的田地，需另挖辅助排水沟，以利田间排水畅通。

4. 种球准备

选用外观色泽鲜艳、无病虫害、保存完整的种球作为栽培的种球。种植前进行消毒，在 70% 甲基硫菌灵可湿性粉剂 600 倍液或 75% 百菌清可湿性粉剂 600 倍液中浸泡 30 min 左右，取出后用清水冲净种球上的残留溶液，然后放在阴凉的地方晾干即可种植。

5. 定植

采用开沟种植，种植沟深度为 $8\sim10$ cm，种球小的稍浅，种球大的稍深；株行距宜 14 cm×14 cm，密度约 50 个/m²，种球顶芽朝上摆放于种植沟内，之后均匀覆土，逐行进行，种植后耙平土面，均匀地浇 1 次透水（黄秀，2020）。

6. 水肥管理

种植前浇 1 次水，以保证定植期间土壤湿润，利于快速生根。定植后及时浇透水，使土壤同种球充分接触。之后的土壤湿度以保持湿润为标准，即手握成团且松开不散为宜。浇水宜在 8:00 前进行，在生长前期灌水不可过多，若土壤过于潮湿，易使球茎腐烂。在生长旺盛期适当增加浇水量，避免土壤过于干燥。在管理过程中，保持土壤湿润，见干即浇，晴天 5～7 d 浇 1 次水，雨天注意排水，严防积水。空气湿度宜控制在 70%～80%，且要求栽培条件相对稳定。

在土壤消毒前施入充分腐熟的有机肥，并均匀深翻 30 cm，以有效改良土壤。一般每亩施用 3 t。有机肥的来源最好是牛粪，慎用鸡粪，因鸡粪含盐量较高。荷兰鸢尾在苗期长至 2、3 片叶时，可每亩施尿素 12 kg，10 d 施 1 次，连续施 3 次；在 4、5 片叶时，每亩追施 15 kg 复合肥，10 d 施 1 次，连续施 3 次；在 6、7 片叶时追施壮球肥，用种球膨大素 3 000 倍液加磷酸二氢钾 750 倍液叶面喷施，10 d 喷 1 次，喷施 3 次。在生长过程中还可配合其他叶面施肥：补铁可用螯合铁 1 000 倍液喷施，7 d 喷 1 次，喷施 2 次；补充硼、镁及钼可用硼镁肥 750 倍液加钼酸钠 1 000 倍液，10 d 喷 1 次，喷施 2 次。

收获的荷兰鸢尾切花见下图。

荷兰鸢尾切花

(三) 病虫害防控

荷兰鸢尾的主要病虫害有病毒病、细菌性软腐病、青霉腐烂病、锈病、黑斑病、芽裂病、根结线虫、根腐线虫、蚜虫和白粉虱等。

(1) 病毒病防治措施。选用脱毒种球；发病初期喷施 20% 吗胍·乙酸铜可湿性粉剂 500 倍液防治。

(2) 细菌性软腐病防治措施。可用硫酸链霉素可湿性粉剂 1 000 倍液防治。

(3) 黑斑病防治措施。用 64% 噁霜·锰锌或 58% 甲霜·锰锌 500 倍液防治。

(4) 锈病防治措施。可用 25% 三唑酮可湿性粉剂 1 000 倍液或 50% 硫悬浮剂 200~300 倍液防治。

(5) 青霉腐烂病防治措施。主要是种球碰伤及储藏时温、湿度不适使种球带菌造成，种植时种球消毒处理即可防治。

(6) 芽裂病防治措施。由于光照不足、温度高或温度骤变、生长规律被打乱引起，在栽培过程中稍加注意即可防治。

(7) 白粉虱防治措施。温室内设置黄色粘虫板诱杀成虫，用 1.0 m×0.2 m 硬板，漆成橙黄色，上盖一层塑料薄膜，薄膜上涂一层黏油，每公顷放 480~510 块。7~10 d 换 1 次薄膜。或喷施 20% 甲氰菊酯乳油 300~450 mL/hm^2、1.0% 阿维菌素乳油 5 000 倍液、10% 吡虫啉粉剂 4 000 倍液、25% 噻虫嗪水分散粒剂 2 500~5 000 倍液、25% 噻嗪酮可湿性粉剂 1 000~2 000 倍液、2.5% 联苯菊酯乳油 2 000 倍液、25% 灭螨猛可湿性粉剂 1 500~2 000 倍液，6~7 d 喷 1 次，连续防治 2 次。

(8) 蚜虫防治措施。选用 5% S-氰戊菊酯乳油 150~300 mL/hm^2、1.0% 阿维菌素乳油 3 000 倍液、10% 吡虫啉粉剂 4 000 倍液、5% 吡虫啉乳油 3 000~4 000 倍液、2.5% 氯氟氰菊酯乳油 300 mL/hm^2、25% 噻虫嗪水分散粒剂 5 000 倍液、90% 灭多威可湿性粉剂 2 000~3 000 倍液、50% 抗蚜威可湿性粉剂 225 g/hm^2、20% 二嗪磷乳油 1 000 倍液、

21%氰戊·马拉松乳油6 000倍液、2.5%溴氰菊酯乳油3 000~4 000倍液喷洒，喷药时要周到、细致、均匀。

（9）根结线虫、根腐线虫防治措施。通过土壤消毒可有效减少。

三、路易斯安那鸢尾高效栽培技术

（一）种苗繁殖

路易斯安那鸢尾可以通过播种、分株、茎段育苗、组培等多种方式进行繁殖。

1. 种子繁殖

路易斯安那鸢尾每果的种子量大约为15粒，千粒重约为330 g，偏大于其他鸢尾属植物的果实和种子。它的自然结实率不高，通常需要借助人工授粉才能获得一定的种子收获量。有研究表明，通过人工授粉提高了8个路易斯安那鸢尾品种20%～60%的结实率（刘慧春等，2015）。通过对人工授粉得到的种子和天然结实种子的出苗率进行统计，发现人工授粉得到的种子的当年出苗率高于天然结实种子。另外，通过高锰酸钾处理也能够显著提高种子的当年出苗率。

2. 分株繁殖

每年的3—9月可进行分株，但以每年3月和9月最佳。分株时将粗壮的根茎分成每丛带2～3个芽的植株，尽量多带根系和根茎，株行距以25 cm×25 cm最佳。植后初期浇水水位以10～15 cm最佳，待其发芽长高后可将水位提高至15～40 cm（刘慧春等，2015）。

3. 茎段育苗繁殖

茎段育苗是利用路易斯安那鸢尾根茎上的休眠芽进行繁殖，育苗期在每年的10月或早春萌芽前。其根茎基部的休眠芽发芽能力较差，中上部的休眠芽发芽能力较强，因此，对根茎进行切段时，可以在根茎基部留5～6节进行切段，对于发芽能力较强的中上部，可以留 3～4 节进行切段。

4. 组培繁殖

组培也是获得路易斯安那鸢尾种苗的重要手段。贾明良等（2010）建立了路易斯安那鸢尾的组培体系，培养基为 MS＋1.5 mg/L 6-BA＋0.2 mg/L NAA＋30 g/L 蔗糖＋7 g/L 琼脂时，不定芽诱导倍数最高（12.96）；培养基为 1/2 MS＋0.5 mg/L NAA＋0.3 g/L AC＋30 g/L 蔗糖＋7 g/L 琼脂时，有利于不定根的发生（90％以上）；试管苗不经炼苗直接出瓶，移栽最佳基质为泥炭，成活率达 95％以上，且生长健壮，栽种 1 年后即可开花。

（二）栽培管理

路易斯安那鸢尾适于在湿地与河滩边岸群植，也适于在绿地水景与庭院池塘点植。

1. 选地

路易斯安那鸢尾适生的土壤 pH 为 6.5～7.2，碱性过强会出现叶片发黄、发育不良的现象。

2. 肥水管理

种植前土壤要施用腐熟基肥，并通过耕翻均匀混入土壤。种植成活后视生长情况可每月施 1 次 30 kg/hm^2 氮磷钾复合肥，或每年秋季结合分株施堆肥 1 次。施肥时一定要注意氮磷钾肥的配合，氮肥过多会引起徒长，影响开花。

种植时应保证有合适的水位或湿润的土壤。种植后也应保持足够的水位，水面要淹没植株根丛基部，水深 10 cm 左右为宜。缺水将会导致植株生长矮小，进而导致花的品质下降。若夏季干旱会迫使其休眠，秋、冬缺水会使植株转黄、叶片枯萎，难以保持冬季翠绿景色。

路易斯安那鸢尾栽培情况

（三）病虫害防控

路易斯安那鸢尾病虫害主要有蚜虫、煤烟病和细菌性腐烂病，发生率较低。蚜虫危害主要发生在干旱缺水的春季，煤烟病和细菌病性腐烂病发生在夏季高温季节。为防止病虫害发生，5—6月开花后应把残枯花枝清除，秋季要及时清除植株上的老叶和病、黄叶，并根据杂草生长情况适时耕田治草。

四、西伯利亚鸢尾高效栽培技术

（一）种苗繁殖

西伯利亚鸢尾繁殖通常采用分株繁殖、播种繁殖、组培繁殖，很少采用扦插繁殖。

1. 分株繁殖

在春、秋两季进行。将繁殖母本从栽培土中挖出，尽量少伤根系，抖掉泥土，平放后用利刀将其分成单株，确保每株都带须根，以提高成活率。随后将分好的植株及时栽好，注意覆土与根茎齐平，这样既可保证植株生长良好、易萌发新株，又可防止因根系浅、发育不良而倒伏。栽后要浇透水，然后放置在自然光下，无须遮阳，20 d 左右可生新根。

2. 播种繁殖

秋季，当西比利亚鸢尾种子发育成熟后就应及时播种，随采随播，有利于提高发芽率。播前先将播种苗床整平浇透水，然后把种子从果实中剥出，按入床土，深度以埋没种子为宜。随后覆土少许，浇水后盖薄膜，并保持一定温度，在 25 ℃条件下，1 个月即可出苗。

3. 扦插繁殖

扦插繁殖通常采用花莛下部，带叶扦插，但繁殖系数低，扦插苗长势弱，故很少采用。

4. 组培繁殖

以西伯利亚鸢尾 2~3 cm 健壮幼芽作为外植体，剥去外表层，在滴入洗洁精的水溶液中浸泡 10 min，取出用自来水冲洗 30 min，在超净工作台上用 70%乙醇灭菌 10 s，然后再用 0.1%升汞溶液浸泡 10 min，用无菌水冲洗 5~6 遍，用镊子剥去幼芽外层鳞片，并切下生长点基部的短缩茎，只留下生长点及基部 1~2 mm 的组织，接种到愈伤组织及芽诱导培养基（MS+1.0~2.0 mg/L KT +0.5~1.0 mg/L 2,4-D）上。所有培养基均添加 30 g/L 蔗糖，5 g/L 琼脂粉，pH 5.8。愈伤组织的诱导、芽的分化和增殖及生根均在培养室内培养瓶中进行，光照强度为 1 500~2 000 lx，光照时间为 12~14 h/d，温度为（25±2）℃。经诱导 30～40 d 后，外植体会顺利出芽。继代培养时采取单芽纵切的方式，继代培养基一般选用 MS＋1.0～2.0 mg/L 6-BA＋0.1～0.2 mg/L NAA。在继代培养基中芽增殖情况良好，转接后 30～40 d，每株单芽能增殖 5～8 株，最多达 11 株，而且生长正常，叶为绿色。待继代培养至一定的基数后进行生根培养。生根培养基为 1/2 MS＋0.1～0.5 mg/L NAA＋0.5 g/L AC，30 d 后生根率都在 90％以上，生根数为 6 条以上，根长为 4.0 cm 以上。将生根良好的组培苗移栽，移栽的幼苗在日光温室内培养，温度 20～30 ℃，湿度 70％以上，适当遮阴。15 d 后幼苗移栽成活率达 96％，幼苗生长苗壮，1 个月后就可以露地移栽。

（二）栽培管理

1. 水分

在小苗期需水量较小，特别是温度低时，如土壤水分含量过大，不利于植物的生长发育；当温度升高后，西伯利亚鸢尾进入旺盛生长，需水量增大，可生长在 30 cm 深的水中。

2. 温度

在 25～30 ℃生长最快，0 ℃左右生长缓慢，一般都为露地栽培。

3. 光照

西伯利亚鸢尾喜欢光照，在光照强烈的夏季生长良好。

4. 土壤

各种土壤均可生长，但在肥沃的壤土中生长最佳。

5. 肥料

为促使小苗快速生长，可每隔 10 d 结合浇水施少量的尿素，在花莛抽出时可再施 1 次复合肥，以促进开花，延长花期。

参考文献

安家驹，王伯英，1989. 实用精细化工辞典［M］. 北京：中国轻工业出版社.

敖元秀，吴小红，魏玉翔，2020. 香辛蔬菜罗勒栽培技术［J］. 长江蔬菜（16）：48-51.

白红彤，dingding，于彦奇，2006. 香遍中国 中国芳香植物的种类位居世界第一［J］. 森林与人类（10）：36-45.

北京林业大学园林系花卉教研组，1990. 花卉学［M］. 北京：中国林业出版社.

闭志强，严华兵，董伟清，2010. 迷迭香非试管快繁技术研究［J］. 中国热带农业，37（6）：58-59.

蔡汉权，2005. 罗勒的组织培养和快速繁殖［J］. 植物生理学通讯，41（3）：347.

柴鑫健，2012. 薄荷栽培技术［J］. 黑龙江农业科学（5）：163-164.

陈灿，陈海霞，2015. 白芨繁殖研究进展［J］. 湖南农业科学（5）：135-137.

陈宏，2010. 芳香植物在园林中运用的现状与形式［J］. 上海农业科技（4）：69-70.

陈洪俊，张友军，2005. 西花蓟马的鉴别与检疫［J］. 植物检疫，19（1）：33-34.

陈建军，王景辉，王东升，等，1997. 吉林省珲春地区野生玫瑰的生态调查及栽培技术［J］. 中国林副特产（2）：62-63.

陈军，2011. 我国薄荷属植物特性及利用（Ⅱ）［J］. 林产工业，38（4）：
54-55.

陈平华，陈舜彬，陈岚凤，等，2009. 椰乳在甘蔗组培快繁中作用的研究
［J］. 热带作物学报，30（12）：1818-1823.

陈晓艳，张亚春，2014. 香叶天竺葵高产栽培技术［J］. 中国热带农业
（3）：68-69.

陈学恒，2002. 我国天然柠檬醛的利用及鸢尾酮的合成进展［J］. 现代化
工，22（7）：8-12.

陈又生，2016. 中国高等植物彩色图鉴［M］. 北京：科学出版社.

陈宇杰，朱俊兆，杨思学，等，2019. 重瓣红玫瑰组织培养中培养基和培
养条件的筛选［J］. 宁波大学学报（理工版），32（1）：1-5.

陈忠，2019. 哈尔滨地区鸢尾属植物引种及栽培试验［J］. 北方园艺（8）：
215-216.

程浩，欧阳琳，苗保河，2021. 玫瑰组织培养和遗传转化的研究进展
［EB/OL］.（03-02）［2022-03-08］. https：//kns. cnki. net/kcms/detail/
46. 1068. S. 20210302. 1538. 012. html.

代兰英，葛云荣，景会，2006. 迷迭香优质丰产栽培技术［J］. 云南农业
科技（4）：29-30.

邓明华，文锦芬，赵凯，2008. 迷迭香茎尖培养［J］. 北方园艺（10）：
158-160.

邓永鹏，张天佑，2020. 迷迭香的栽培技术与利用［J］. 农业开发与装备
（7）：225.

丁榕，梁晶，赵和文，等，2018. VIGS 实验技术体系在月季中的应用及优
化［J］. 中国农学通报，34（3）：87-92.

丁雪梅，2015. 留兰香的栽培与初加工技术［J］. 新疆农业科技（6）：
31-32.

董玉梅，李正楠，钱成，等，2012. 迷迭香叶片愈伤组织诱导及再分化培
养［J］. 分子植物育种，10（2）：189-194.

杜家清，2019. 白及的特征特性与栽培技术［J］. 现代农业科技（19）：

73-75.

杜淑辉，臧德奎，孙居文，2011. 木瓜属观赏品种的灰色关联度综合评价 [J]. 山东农业科学 (1)：12-15.

方茹，盛猛，洪伟，2007. 罗勒药用成分的抑菌作用 [J]. 阜阳师范学院学报（自然科学版）(1)：53-55.

冯建灿，李淑玲，张玉洁，1994. 灰色关联分析在树木引种中的应用 [J]. 河南农业大学学报，28 (4)：393-398.

冯庆华，2010. 玫瑰精油系列产品的提取及工艺研究 [D]. 兰州：兰州大学.

冯永进，2012. 椒样薄荷高产栽培技术 [J]. 农村科技 (5)：63-64.

付志惠，张建霞，李洪林，等，2006. 白及种子萌发与快速繁殖技术的研究 [J]. 武汉植物学研究，24 (1)：80-82.

高洁，邓莉兰，张燕平，2011. 世界迷迭香种植技术研究进展 [J]. 热带农业科学，31 (1)：80-95.

高洁，高政，吴疆翀，等，2014. 不同栽培密度对迷迭香生长指标及生物量的影响 [J]. 西南农业学报，27 (6)：2322-2326.

高洁，张萍，薛璟祺，等，2019. 酚类物质及其对木本植物组织培养褐变影响的研究进展 [J]. 园艺学报，46 (9)：1645-1654.

高燕，魏宇昆，奉树成，2017. 贵州鼠尾草组织培养育苗技术 [J]. 浙江农业科学 (3)：407-411.

葛勤，刘同华，黄林清，2003. 中药白及作为血管栓塞剂及药物载体的研究概况 [J]. 中国药房，14 (5)：305-307.

巩民浩，迟逸仙，张景茹，等，2010. 不同工艺制得玫瑰精油香气差异对比分析 [J]. 精细化工，27 (11)：1094-1099.

古立刚，莫仕龙，李家福，等，2017. 广西崇左鼠尾草栽培技术初探 [J]. 科技风 (26)：190.

顾秀慧，贝亚维，高春先，等，2001. 用凹玻片饲养棕榈蓟马 [J]. 昆虫知识，38 (1)：71-73.

管帮富，彭华，彭火辉，等，2013. 南昌地区引种大花及藤本月季品种的评估鉴定［J］.江西农业学报,25（12）:19-26.

管常东,叶静,郑晓君,等,2010.白芨组织快繁育苗技术研究进展［J］.云南大学学报（自然科学版）,32（S1）:416-421.

桂敏,周旭红,卢珍红,等,2011.香石竹引种试验研究［J］.西南农业报,24（2）:716-721.

郭彩霞,陈龙清,谭庆,等,2011.几种鸢尾属植物在武汉地区的引种试验［J］.安徽农业科学,39（2）:731-733.

郭胜旭,2014.CHCIF2亚临界萃取-分子蒸馏相结合提取玫瑰精油［D］.兰州:兰州大学.

郭顺星,徐锦堂,1990.白芨种子染菌萌发过程中细胞超微结构变化的研究［J］.植物学报（英文版）,32（8）:594-598.

郭顺星,徐锦堂,1992.白芨种子萌发和幼苗生长与紫萁小菇等4种真菌的关系［J］.中国医学科学院学报,14（1）:51-54.

郭永来,张静菊,王庆文,等,2010.从玫瑰花渣中提取玫瑰精油的技术研究［J］.香精香料化妆品(6):21-24.

郭玉洁,张响,郭明阳,等,2018.6种鼠尾草属植物的核型分析［J］.河北农业大学学报,41（5）:91-123.

韩春梅,2011.香叶天竺葵栽培的关键技术［J］.四川农业科技(10):30.

韩桂军,李思锋,吴永朋,2018.香根鸢尾新品种'贵妃香根鸢尾'［J］.园艺学报,45（10）:2065-2066.

韩桂军,李思锋,吴永朋,等,2018.香料用鸢尾新品种"德香鸢尾"的选育［J］.北方园艺(20):208-210.

韩路,贾志宽,韩清芳,等,2003.苜蓿种质资源特性的灰色关联度分析与评价［J］.西北农林科技大学学报（自然科学版）,31（3）:59-64.

韩益,2007.我国香草产业发展正当时［P］.中国花卉报,05-10(1).

何俊蓉,吴洁,阎文昭,等,2007.白芨的组织培养快繁技术［R］.广州:全国"植物生物技术及其产业化"研讨会.

胡建斌,李琼,李静,2012.薄皮甜瓜果实相关性状的灰色关联分析［J］.

湖南农业科学（21）：119-121.

胡素蓉，常金宝，2016. 迷迭香种植技术研究进展［J］. 园林园艺，33
（7）：153.

胡选萍，秦公伟，曹小勇，2018. 蓝莓组织培养技术的研究进展［J］. 分
子植物育种，16（3）：960-965.

黄钦才，董茂山，林静芳，1984. 重瓣玫瑰营养芽离体培养［J］. 植物生
理学通讯（3）：44.

黄苏珍，顾春笋，原海燕，等，2015a. 德国鸢尾新品种'幻舞'［J］. 园
艺学报，42（11）：2327-2328.

黄苏珍，顾春笋，原海燕，等 .2015b. 德国鸢尾新品种'黄金甲'［J］.
园艺学报，42（9）：1861-1862.

黄苏珍，顾姻，韩玉林，1998. 鸢尾属（*Iris* L.）植物的杂交育种［J］.
植物资源与环境，7（1）：35-39.

黄苏珍，郭维明，2003. 中国鸢尾属观赏植物资源的研究与利用［J］. 中
国野生植物资源，22（1）：4-7.

黄苏珍，韩玉林，张耀钢，等，2003. 德国鸢尾（*Iris germanica* L.）矮
生优良单株的杂交选育［J］. 南京农业大学学报，26（4）：21-25.

黄苏珍，谢明云，佟海英，等，1999. 荷兰鸢尾（ *Iris xiphium*
L. var. *hybridum* ）的组织培养［J］. 植物资源与环境，8（3）：48-52.

黄秀，2020. 荷兰鸢尾在中南地区的引种栽培技术［J］. 林业与生态
（2）：37.

黄颖，胡磊，谷晴，等，2014. "大马士革"玫瑰茎尖组培快繁技术研究
［J］. 北方园艺（3）：104-106.

黄永亮，2013. 元江县野生白及人工驯化栽培技术初探［J］. 林业调查规
划，38（3）：124-126.

黄愉婷，2015. 迷迭香栽培技术及其应用［J］. 湖北林业科技，44（3）：
88-90.

黄致喜，王慧辰，1993. 重要单环倍半萜香料：甜没药烯和甜没药醇合成
的进展［J］. 香料香精化妆品（3）：9-13.

霍云谦，2005.甘草愈伤组织诱导及体细胞胚的发生［D］.保定：河北农业大学.

贾明良，廖乾生，陈集双，等，2010.路易斯安娜鸢尾快繁体系的建立［J］.科技通报，26（4）：518-522.

姜殿勤，姜滨，张俭卫，2008.薄荷实用价值及人工栽培［J］.特种经济动植物，11（1）：36-37.

姜东燕，2008.鼠尾草的人工栽培及市场开发［J］.北方园艺（6）：220.

蒋亚莲，李绅崇，吴丽芳，等，2007.香叶天竺葵的离体培养研究［J］.江西农业学报，19（9）：43-45.

靳松，陈泽斌，夏体渊，等，2015.食用玫瑰组培快繁关键技术研究［J］.西南农业学报，28（6）：2701-2705.

雷湘，黄梦瑶，昌艳霞，等，2014.白及幼根组织培养技术研究［J］.中国药师，17（4）：613-614.

雷仲仁，问锦曾，王音，2004.危险性外来入侵害虫——西花蓟马的鉴别、危害及防治［J］.植物保护，30（3）：63-66.

李丛丛，高亦珂，刘蓉，等，2018.无髯鸢尾种间杂交障碍分析［J］.北京林业大学学报，40（4）：96-101.

李代丽，2007.白刺愈伤组织培养中外源激素对内源激素影响的研究［D］.北京：北京林业大学.

李坤峰，陈志，陈剑平，等，2014.Vendela月季产业化快繁体系研究［J］.核农学报，28（10）：1790-1797.

李莉云，刘兴乐，杨青，等，2017.大马士革玫瑰嫩枝分段扦插繁殖试验［J］.湖北农业科学，56（18）：3481-3483.

李敏，张晨光，路喆，等，2016."大马士革"玫瑰嫩茎组培快繁技术研究［J］.江苏农业科学，44（6）：81-83.

李绅崇，曹桦，蒋亚莲，2009.切花非洲菊基因型综合评价的灰色关联度分析［J］.西南大学学报（自然科学版），31（4）：83-88.

李守岭，李国明，王应清，2014.迷迭香扦插繁殖技术研究［J］.热带农业科技，37（2）：15-16，34.

李小川，王振师，李兴伟，等，2009. 迷迭香引种栽培研究 [J]. 广东林业科技，25（5）：54-58.

李小川，张华通，周丽华，2006. 迷迭香带芽茎段的组织培养技术 [J]. 经济林研究，24（3）：15-20.

李晓亮，张军云，张钟，等，2015. 滇红食用玫瑰茎段增殖培养基的试验筛选研究 [J]. 中国农学通报，31（25）：145-150.

李晓亮，张军云，张钟，等，2017. 滇红食用玫瑰生根培养基的试验筛选研究 [J]. 西南农业学报，30（3）：656-663.

李秀玲，刘君，宋海鹏，等，2010.13 种观赏草在南京地区夏秋两季观赏价值的灰色关联分析 [J]. 草业科学，27（2）：39-44.

李雪，2014. 耐盐滨梅、玫瑰和光滑冬青组培快繁体系的建立 [D]. 南京：南京农业大学.

李宗艳，林萍，王锦，2008. 我国工业用香料花卉开发利用现状 [J]. 北方园艺（6）：56-58.

廖晴，白楠，玛尔哈巴·吾斯满，等，2017. 德国鸢尾种苗繁殖技术研究 [J]. 新疆农业科学，54（3）：470-478.

林兵，钟淮钦，罗远华，等，2016. 荷兰鸢尾商品球培育技术 [J]. 福建农业科技（8）：40-43.

刘逢芹，夏丽娅，2000. 中药白及的现代研究概况 [J]. 山东医药工业（5）：32-33.

刘光斌，黄忠，黄长干，等，2005. 天然植物白芨胶的功能及在化妆品中的应用 [J]. 日用化学品科学，28（8）：22-24.

刘慧春，朱开元，邹清成，等，2015. 光照对路易斯安娜鸢尾生长和开花的影响 [J]. 浙江农业科学，56（1）：85-87.

刘建强，张东海，2006. 薰衣草的生长特性及高产栽培技术 [J]. 特种经济动植物（9）：39-40.

刘军凯，2012. 白芨细胞悬浮体系的建立及其次生代谢产物的测定 [D]. 昆明：云南农业大学.

刘录祥，孙其信，1989. 灰色系统理论应用于作物新品种综合评估初探

［J］. 中国农业科学，22（3）：22-27.

刘小菊，赵晶，2013. 紫枝玫瑰嫩枝扦插繁殖试验［J］. 陕西林业科技（2）：31-32.

刘艳，梁呈元，李维林，2011. 灰薄荷精油化学成分研究［J］. 现代中药研究与实践，25（6）：51-52.

刘志强，2005. 芳香疗法在园林中的应用研究［J］. 林业调查规划，30（6）：91-93.

卢思聪，1994. 中国兰与洋兰［M］. 北京：金盾出版社.

卢绪娟，2007. 玫瑰微体快繁技术体系的建立［D］. 泰安：山东农业大学.

卢绪娟，丰震，赵兰勇，等，2007. 平阴玫瑰组培苗多酚含量及多酚氧化酶活性与其生根的关系［J］. 园艺学报，34（3）：695-698.

卢珍红，蔡承良，顾强健，等，2014. 11 个观赏菊花品种灰色关联度分析［J］. 江西农业学报，26（1）：41-43.

鲁雪华，陈扬春，1985. 月季与玫瑰丛芽增殖的初步研究［J］. 福建农业科技（1）：51-52.

鲁长海，2012. 植物精油生理功能的研究进展［J］. 中国调味品，37（3）：36-40.

陆琳，王继华，杨少杰，等，2017. 不同品种薰衣草在云南地区的生长适应性评价［J］. 山西农业科学，45（2）：218-222.

罗刚军，肖月娥，徐文姬，等，2016. 3 种花色野鸢尾形态性状变异及染色体核型分析［J］. 植物遗传资源学报，17（2）：266-272.

吕要斌，张治军，吴青君，等，2011. 外来入侵害虫西花蓟马防控技术研究与示范［J］. 应用昆虫学报，48（3）：488-496.

吕耀优，罗玉英，和金花，等，2010. 香叶天竺葵高产栽培技术［J］. 云南农业科技（1）：42-43.

马飞杰，2009. 引种精油玫瑰快繁及精油提取技术研究［D］. 杭州：浙江农林大学.

倪子轶，刘群录，2018. 白及的栽培及景观应用探讨［J］. 现代农业科技

（18）：136-137.

欧阳泽怡，2020. 迷迭香种植方法［J］. 林业与生态（10）：37.

潘立刚，1990. 玫瑰组织培养及胚状体诱导技术研究［J］. 黑龙江八一农
　垦大学学报（2）：29-36.

彭靖里，马敏象，郝立勒，2002. 我国天然香料资源开发现状及其产品市
　场分析［J］. 中国野生植物资源，21（4）：14-16.

彭丽丽，刘祥东，刘华，等，2004. 白芨的组培快繁［J］. 中国野生植物
　资源，23（5）：65.

起国海，吴疆翀，郑益兴，2018. 迷迭香优良无性系选育［J］. 分子植物
　育种，16（20）：6808-6817.

仇恒佳，周玉珍，林德明，等，2014. 路易斯安娜鸢尾栽培管理技术与园
　林应用［J］. 北方园艺（5）：65-67.

任风鸣，刘艳，李滢，等，2016. 白及属药用植物的资源分布及繁育［J］.
　中草药，47（24）：4478-4487.

任全进，2004. 香草之王罗勒［J］. 园林（5）：62.

任亚萍，2008. 百合试管鳞茎形成及膨大的研究［D］. 武汉：华中农业大
　学.

茹菊霞，冯建森，马寿鹏，2017. 甘肃酒泉市油用玫瑰高效丰产栽培技术
　［J］. 中国园艺文摘，33（9）：172-173.

三上荣一，1997. 浴剂中母菊成分的分析［J］. 娄敏，巢志茂，译. 国外
　医学（中医中药分册），19（4）：61.

施玉格，2012. 薰衣草挥发性成分分析及其质量控制［D］. 乌鲁木齐：新
　疆大学.

石晶，2010. 白芨属植物资源与利用［D］. 海口：海南大学.

石云平，李锋，凌征柱，2009. 白芨组织培养与快速繁殖技术研究［J］.
　广西农业科学，40（11）：1408-1410.

石云平，赵志国，唐凤鸾，等，2013. 白芨愈伤组织诱导、增殖与分化研
　究［J］. 中草药，44（3）：349-353.

宋魁，谭勇，龚昌禄，等，2009. 天然香料植物——薄荷［J］. 现代农业

科技，12（1）：105-106.

宋晓丹，陈晓玲，尚丽，等，2014. 白及种子试管高频萌发的应用研究
　　［J］. 中国现代中药，16（9）：751-754.

苏芸，臧洁，2014. 农用岩棉种植初探［J］. 上海建材（5）：39-40.

孙达锋，史劲松，张卫明，等，2009. 白芨多糖胶研究进展［J］. 食品科
　　学，30（3）：296-298.

孙汉董，丁靖恺，丁立生，等，1985. 香叶油的化学成分［J］. 云南植物
　　研究，7（2）：233-237.

孙洪美，焦传兵，李永胜，等，2011. 山东省紫薇品种观赏价值的灰色评
　　价［J］. 山东农业科学（4）：17-20，32.

孙明，李萍，吕晋慧，等，2007. 芳香植物的功能及园林应用［J］. 林业
　　实用技术（5）：46-47.

孙伟，瞿伟菁，2002. 香叶天竺葵的药理研究进展［J］. 中药材，25（8）：
　　600-602.

谭锋，易欣欣，1995. 植物激素对玫瑰花组织细胞培养影响初报［J］. 北
　　京农学院学报，10（2）：79-83.

唐晖，詹艳红，杨芷秋，等，2017. 大马士革玫瑰嫩枝扦插繁殖技术研究
　　［J］. 现代农业（12）：86-87.

滕祥金，郝再彬，孟滕，2011. 玫瑰精油的开发利用［J］. 北方园艺（7）：
　　172-173.

田东坤，姜新，于立芝，2015. NAA 质量浓度对迷迭香扦插繁殖的影响
　　［J］. 山西农业科学，43（5）：556-557.

田英翠，袁雄强，2006. 白芨组织培养快繁技术研究［J］. 江苏农业科学
　　（4）：75-77.

汪计珠，丁家宜，边可庚，1982. 白及的组织培养［J］. 植物生理学报
　　（2）：37.

王楷，李玥，张云峰，等，2014. 白芨种子的高效萌发及其无性繁殖体系
　　的构建［J］. 云南师范大学学报（自然科学版），34（4）：71-78.

王田利，2020. 薄荷栽培技术［J］. 农村百事通（5）：38-39.

王文江，2008. 新型香科迷迭香栽培技术［J］. 新疆农垦科技（2）：26-27.

王文元，史国旭，周文强，等，2012. 熵 AHP 法对鸢尾宿根花卉的综合评价［J］. 中国农学通报，28（16）：292-298.

王云云，张兴，孙立，等，2010. 国内外食用花卉的研究进展［J］. 黑龙江科学，1（5）：46-49.

王中林，王爱丽，2014. 食用玫瑰高效栽培配套技术［J］. 科学种养（10）：23-24.

王祝年，肖邦森，李渊林，等，2003. 海南省香料植物名录［J］. 热带作物学报，23（4）：62-72.

王宗训，1989. 中国资源植物利用手册［M］. 北京：中国科技出版社.

韦卡娅，刘燕琴，秦静，等，2008. 白及组培外植体的筛选研究［J］. 中国现代中药，10（5）：13-14.

吴蔚，2013. 色质联用技术在植物精油分析中的应用及其抗氧化活性的研究［D］. 武汉：华中师范大学.

吴卓珈，徐哲民，李春涛，2005. 芳香植物的研究进展［J］. 安徽农业科学，33（1）：2393-2396.

武菊英，滕文军，王庆海，等，2006. 多年生观赏草在北京地区的生长状况与观赏价值评价［J］. 园艺学报，33（5）：1145-1148.

小林义典，2003. 母菊提取物的止痒作用［J］. 国外医学（中医中药分册），25（3）：173.

谢安娜，魏婷，张志林，2020. 迷迭香的种植技术和未来开发前景分析［J］. 湖北植保，180（3）：61-64.

谢翠苹，2014. 鼠尾草引种栽培繁殖研究［J］. 现代园艺（14）：16-17.

谢秋涛，2013. 超临界 CO_2 提取玫瑰精油工艺优化及副产物综合利用研究［D］. 长沙：中南大学.

谢翁裕馨，李成义，王津慧，2010. 甘西鼠尾草规范化种植技术研究［J］. 亚太传统医药，6（2）：15-17.

谢晓蓉，刘金荣，2004. 河西走廊 42 种草本花卉生态适应性综合评价初探

［J］. 园艺学报，31（4）：523-525.

谢阳姣，谭军，时显芸，等，2010. 迷迭香高产栽培技术［J］. 作物杂志，
    33（2）：116-118.

邢文，包颖，丁萌，等，2014. 玫瑰叶片直接再生及其影响因素［J］. 华
    中农业大学学报，33（1）：29-34.

熊丙全，廖相建，张勇，等，2017. 四川地区白及优质高产栽培技术［J］.
    现代农业科技（21）：90-91.

徐立军，李志斌，蒋淑磊，等，2015. 大马士革玫瑰组织培养技术研究
    ［J］. 河北林业科技（2）：19-21.

许秀玉，李小川，陈建新，2006. 迷迭香离体培养快繁技术的研究［J］.
    广东林业科技，22（4）：63-65.

寻路路，原雅玲，丁芳兵，等，2017. 彩叶观赏草的引种及评价［J］. 陕
    西农业科学，63（2）：68-74.

杨嘉伟，朱光明，王康才，等，2015. 不同植物生长调节剂对白及种子萌
    发及幼苗生长的影响［J］. 安徽农业科学，43（30）：40-43.

杨俊杰，袁艺，王小娟，等，2009. 洋甘菊组织培养及植株再生［J］. 激
    光生物学报，18（6）：825-829.

杨丽娟，顾地周，秦莉，等，2010. 长白山区珍稀濒危植物野生玫瑰植株
    再生体系的建立［J］. 林业科学研究，23（4）：626-629.

杨照坤，周慧，何二坤，2020. 迷迭香在园林绿化中的应用前景探析［J］.
    特种经济动植物（6）：20-21.

姚宗凡，黄英姿，姚晓敏，2001. 药用植物栽培手册［M］. 上海：上海中
    医药大学出版社.

药草花园，2013a. 神奇的花园拯救者——鼠尾草（上）——常见的鼠尾草
    品种［J］. 中国花卉盆景（8）：10-14.

药草花园，2013b. 神奇的花园拯救者——鼠尾草（下）——鼠尾草的栽培
    管理［J］. 中国花卉盆景（9）：12-13.

叶静，郑晓君，管常东，等，2010. 白芨的无菌萌发与组织培养［J］. 云
    南大学学报（自然科学版），32（S1）：422-425.

殷国栋，2011. 不同种源迷迭香种子萌发与幼苗生长特性研究［D］. 北京：中国林业科学研究院.

殷国栋，高政，张燕平，2010. 迷迭香引种栽培与开发利用研究进展［J］. 西南林学院学报，30（4）：82-88.

殷国栋，吴疆翀，高政，2013. 不同种源迷迭香（*Rosmarinus officinalis*）种子萌发特性比较研究［J］. 云南农业大学学报，28（4）：523-529.

应丽亚，2012. 玫瑰精油化学成分及其功能性研究［D］. 杭州：浙江大学.

于二汝，王少铭，罗莉斯，2016. 天然香料植物迷迭香研究进展［J］. 热带农业科学，36（7）：29-36.

于福科，张广军，2002. 玫瑰组织培养污染控制技术措施［J］. 陕西农业科学（11）：47-48.

于巧芝，刘芳，殷帆，等，2013a. 不同光质对迷迭香愈伤组织生长的影响［J］. 园艺与种苗（3）：36-39.

于巧芝，刘芳，殷帆，等，2013b. 不同光质对迷迭香愈伤组织类黄酮含量的影响［J］. 园艺与种苗（8）：18-21.

于清跃，朱新宝，2012. 薄荷种植与薄荷精油提取研究进展［J］. 安徽农业科学，40（13）：7911-7913.

余朝秀，李枝林，王玉英，2005. 野生白芨组培快繁技术研究［J］. 西南农业大学学报（自然科学版），27（5）：601-604.

余峰，张彬，周武，等，2012. 玫瑰精油的提取和理化性质分析［J］. 天然产物研究与开发（24）：784-789，807.

余蓉培，卢珍红，周旭红，等，2016.18个长寿花品种的引种栽培研究［J］. 西南农业学报，29（6）：1453-1458.

余燕，杨在君，2013. 四川鼠尾草属野生观赏植物资源调查及其园林应用探究［J］. 中国野生植物资源（2）：203-222.

喻苏琴，罗文秀，张寿文，2010. 不同培养条件对白芨种子萌发效应的研究［J］. 安徽农业科学，38（16）：8421-8422.

袁宁，2008. 白芨组织培养技术体系研究［D］. 成都：西南交通大学.

袁宁，何俊蓉，何锐，等，2009. 白芨组培快繁育苗技术研究 [J]. 西南农业学报，22（3）：781-785.

原雅玲，邢吉庆，1994. 鸢尾属植物的引种栽培 [J]. 西北植物学报，14（5）：138-141.

曾宋君，黄向力，陈之林，等，2004. 白及的无菌播种和组织培养研究 [J]. 中药材，27（9）：625-627.

张殿义，2004. 国内外香料香精工业概况与市场分析 [J]. 日用化学品科学，27（10）：1-5.

张豆豆，彭晓英，朱永州，等，2016. 白芨的离体培养 [J]. 湖南林业科技，43（5）：47-51.

张宏瑞，Okajima S U，Laurence A M，等，2006. 蓟马采集和玻片标本的制作 [J]. 昆虫知识，43（5）：725-728.

张华通，林爵平，吴永平，2002. 迷迭香工厂化育苗技术 [J]. 广东林业科技，18（3）：6-9.

张金云，高正辉，潘海发，等，2010. 利用灰色关联度分析法综合评价30个草花品种 [J]. 种子，29（10）：79-82.

张京，2012. 常绿水生鸢尾（*Iris hexagonus*）生态习性与园林应用研究 [D]. 杭州：浙江农林大学.

张静菊，郭永来，李凤英，等，2011. 用分子蒸馏技术提取的玫瑰精油的成分分析 [J]. 香精香料化妆品（4）：17-20.

张庆春，牛立新，张延龙，等，2009. 加拿大秋波草花的引种观察与应用评价 [J]. 西北农业学报，18（4）：251-255.

张全锋，尹新彦，贾红姗，等，2018. 鸢尾属7个品种花粉活力及柱头可授性研究 [J]. 西部林业科学，47（4）：21-25.

张瑞麒，范敏，2004. 来自芳香植物王国的报道 [J]. 中国花卉园艺（10）：10-11.

张树河，翁锦周，林江波，2006. 迷迭香组培快繁技术研究 [J]. 广西农业科学，37（2）：111-112.

张卫明，2005. 植物资源开发研究与应用 [M]. 南京：东南大学出版社.

张武，吴雁斌，高彦萍，等，2018. 苦水玫瑰快繁技术体系研究 [J]．甘肃农业科技 (9)：4-7.

张玄兵，2013. 罗勒种质资源引种栽培、鉴定与综合评价 [D]．海口：海南大学．

张燕，黎斌，李汝娟，等，2013. 白芨种子的无菌萌发过程观察和组培快繁研究 [J]．北方园艺 (3)：158-160.

张燕，黎斌，李思锋，2009. 不同培养基上白芨的种子萌发与幼苗形态发生 [J]．西北植物学报，29 (8)：1584-1589.

张亦诚，2007. 白及的生物特性及栽培技术 [J]．农业科技与信息 (11)：45.

张永侠，刘清泉，王银杰，等，2020. 德国鸢尾新品种'鸣莺' [J]．园艺学报，47 (S2)：3041-3042.

张友军，吴青君，徐宝云，等，2003. 危险性外来入侵生物——西花蓟马在北京发生危害 [J]．植物保护，29 (4)：58-59.

张羽宇，郅军锐，刘勇，等，2017. 西花蓟马取食对菜豆不同部位叶片防御基因表达的影响 [J]．昆虫学报，60 (1)：1-8.

张泽，杨宝明，李永平，等，2020. 白及绿色高产栽培技术 [J]．云南农业科技 (4)：40-43.

章黎黎，2015. 迷迭香的栽培技术与利用 [J]．蔬菜 (7)：73-74.

赵海霞，王雨薇，金子煜，等，2017. 丰花月季多情玫瑰（*Rosa* 'Les amoureux de peynet'）的组织培养快繁技术的研究 [M] //张启翔，中国观赏园艺研究进展．北京：中国林业出版社．

赵漫丽，黄春球，李明静，等，2011. 添加剂对白芨组培的影响 [J]．云南农业大学学报（自然科学版），26 (6)：821-827.

赵倩倩，于洁，张吉良，等，2017. 西花蓟马 clip 丝氨酸蛋白酶基因的鉴定与表达分析 [J]．中国生物防治学报，33 (1)：63-69.

赵伟巍，2017. 利用组织培养技术对保加利亚玫瑰快速繁殖的研究 [D]．呼和浩特：内蒙古农业大学．

赵伟玉，翟玉莹，祁雨威，等，2018. 罗勒研究应用现状及发展趋势 [J]．

乡村科技（31）：28-29.

周露，谢文申，2012.薄荷属植物选种育种研究进展［J］.安徽农业大学学报，39（1）：124-128.

周永明，肖敏，2010.中原牡丹在包头市的引种观察与应用评价［J］.内蒙古农业科技（5）：57-59.

周永生，2018.迷迭香大棚高产栽培技术［J］.现代园艺（2）：36.

周至明，黄程生，彭丽丽，等，2006.白及人工种植初步研究［J］.中药材，29（1）：7-8.

朱翠英，王文莉，孙居文，等，2005.紫枝玫瑰组培快繁技术的研究［J］.山东林业科技（6）：17-21.

朱旭东，田松青，蔡曾煜，2007.水生常绿杂种鸢尾新品种［J］.中国花卉园艺（12）：47-48.

朱志安，薛春大，张红，等，1999.生物性颅骨替代材料的研究［J］.中华实验外科杂志，16（1）：56-57.

祝丽香，2005.罗勒的栽培及开发利用［J］.时珍国医国药，16（1）：86-87.

邹晖，李海明，王伟英，等，2017.白及栽培管理技术［J］.福建农业科技（1）：37-38.

邹娜，李意，连芳青，2013.优良观赏药用地被植物——白芨组织培养及快速繁殖研究［J］.江西农业大学学报，35（5）：950-955.

邹淑珍，胡小红，2009.迷迭香引种栽培与园林应用研究进展［J］.江西林业科技（5）：63-64.

邹宜林，李青，2015.不同基质对迷迭香扦插繁殖的影响［J］.山西农业科学，43（4）：428-429.

Rosemary Cole1，毕良武，赵振东，2006.欧洲迷迭香的研究状况［J］.生物质化学工程，40（2）：41-44.

Arditti J，Michaud J D，Healey P L，1980. Morphometry of orchid seeds. II. native california and related species of *calypso*，*cephalanthera*，*corallorhiza* and *epipactis*［J］. American Journal of Botany，67（3）：

347-360.

Bohlmann J, Keeling C I, 2008. Terpenoid biomaterials [J] . The Plant Journal, 54 (4): 656-669.

Bris M L, Michaux-Ferrière N, Jacob Y, et al. , 1999. Regulation of bud dormancy by manipulation of ABA in isolated buds of *Rosa hybrida* cultured in vitro [J] . Functional Plant Biology, 26 (3): 273-281.

Dohm A, Ludwig C, Schilling D, et al. , 2001. Transformation of roses with genes for antifungal proteins [J] . Acta Horticulturae, 547 (547): 27-33.

Farhoudr, 2013. Chemical constituents and antioxidant properties of *matricaria recutita* and *chamaemelum nobile* essential oil growing wild in the south west of Iran [J] . Journal of Essential Oil Bearing Plants, 16 (4): 531-537.

Firoozababy E, Moy Y, Courtney-Gutterson N, et al. , 1994. Regeneration of transgenic rose (*Rosa hybrida*) plants from embryogenic tissue [J]. Nature Biotechnology, 12 (6): 609-613.

Guarrera M, Turbino L, Rebora A, 2001. The anti-inflammatory activity of azulene [J]. Journal of the European Academy of Dermatology and Venereology, 15 (5): 486-487.

Herron G A, Jamest M, 2005. Monitoring insecticide resistance in Australian *Frankliniella occidentalis* Pergande (Thysanoptera: Thripidae) detects fipronil and spinosad resistance [J] . Australian Journal of Entomology, 44 (3): 299-303.

Jabbarzadeh Z, Khosh-Khui M, 2005. Factors affecting tissue culture of Damask rose (*Rosa damascena* Mill.) [J] . Scientia Horticulturae, 105 (4): 475-482.

Janneke A D, René R J P, Daan K, 1995. Effect of ethanol on the growth of axillary Rose buds in vitro [J] . Journal of Plant Physiology, 145 (3): 377-378.

图书在版编目（CIP）数据

芳香植物新优品种高效栽培技术/张艺萍，王丽花，
李绅崇主编 . —北京：中国农业出版社，2023.4
（花卉实用生产技术系列）
ISBN 978-7-109-28402-9

Ⅰ.①芳…　Ⅱ.①张…②王…③李…　Ⅲ.①香料植
物—高产栽培　Ⅳ.①S573

中国版本图书馆 CIP 数据核字（2021）第 126199 号

中国农业出版社出版
地址：北京市朝阳区麦子店街 18 号楼
邮编：100125
责任编辑：国　圆　　文字编辑：李瑞婷
版式设计：杜　然　　责任校对：赵　硕
印刷：北京缤索印刷有限公司
版次：2023 年 4 月第 1 版
印次：2023 年 4 月北京第 1 次印刷
发行：新华书店北京发行所
开本：880mm×1230mm　1/32
印张：7.25
字数：210 千字
定价：58.00 元